インコのひみつ

細川博昭

イースト新書Q

Q016

はじめに　イヌでもネコでもウサギでもなく、インコが好きな人のために

インコやオウムと暮らしはじめるきっかけは、人によってさまざまです。

手許に置くことを、望んで望んで、やっと大切な一羽に巡りあえた人もいれば、なんとなく可愛く見えたなど、ゆるい気持ちで飼いはじめる人もいます。諸事情により、だれかからゆずり受けたという人もいるでしょう。

しかし、きっかけはいろいろだったとしても、インコと暮らしはじめてしばらくすると、飼う前にもっていたイメージとは大きくちがう部分に気がついたり、行動などについて不思議に思うことが、きっと出てくるはずです。

知性も感情もないと、いまだに多くの人に信じられている「鳥」の一種であるインコ。そのインコが、「大好き！」とすり寄ってくる姿や、小さな子どものように遊びに熱中する姿、「イヤだ。まだケージに帰りたくない」とばかりに駄々をこねるのを見て、これまでもっていた鳥に関する知識や常識では、インコは十分に理解できないことに気づく人も多いのではないでしょうか。

インコの古いイメージが崩れていくのは、インコを理解するための科学的なアプローチがこれまでずっと不十分で、インコが内に秘めた資質がわからず、そのため人々に正しい情報が伝えられてこなかったことが大きく影響しています。

また、安全で楽な生活ができる人間のもとで、インコの心は大きく変化します。それにともなって、外にあらわれる行動も変化します。そうした（重大な）事実も、当然ながら、知られていませんでした。

最初に説明しておくと、この変化は、人間による「矯正」などではなく、インコがもともともっていた資質が、家庭という与えられた環境の中で、自然に表に出てくるようになったものです。見えていなかった別の顔が見えるようになったと考えることもできます。

そうしたインコの行動や、行動の背後に見え隠れする心には、「人間的？」と感じてしまうほどに、人間に近いものがたくさん見つかります。それが、私たちの心に、驚きや困惑を呼びます。そして飼い主は、だれにともなく問うのです。「なぜ？」と。

そうした飼い主の疑問に応えるために、本書は企画されました。本書では、喜怒哀楽などのインコの心の在りようから、行動の背景にある心理、なぜ人間に似ているのかまで、これまでに解明されてきたインコの秘密を、詳しく紹介していきます。

ともに生きるインコやオウムと、もっと楽しく、豊かな時間をすごしたい。そのためにも、彼らのことをもっともっと深く知りたい。それは、インコやオウムと暮らしている人の多くに共通する願いでしょう。

本書が少しでも、その手助けとなれば幸いです。飼い主の理解が深まり、人間と暮らすインコが、いまよりもほんの少しでも幸福に生きられるようになるのが筆者の願いでもあります。

研究が進めば進むほど、インコについて興味深い事実がたくさん見つかります。奥はまだまだ深そうですから、今後も期待をこめて最新情報の収集につとめたいと思っています。

最後に一つだけ、おぼえておいてほしいことがあります。それは、「インコが人間に似ている以上に、人間のほうがインコに似ているのだ」ということ。インコやオウムが、私たちが思うよりもずっと強く、人間に親近感を抱くことがある理由がここにあります。

●目次

第三章 インコの気持ちを知りたい！

第四章 うまくいくインコ生活の秘訣

第五章 もっと知りたいインコのこと

第一章

インコのからだに詰まった秘密

インコは、小さな恐竜!?

鳥は、恐竜が生きていた時代から地球の空を舞っていました。皮膜《ひまく》のつばさをもった空飛ぶ爬虫類《はちゅうるい》「翼竜《よくりゅう》」が巨大化する一方で種の数を減らし、自然に衰退するなか、空いた隙間にどんどん進出して、気がつけば空を舞うのは圧倒的に鳥が多い、という状況になっていたのです。いまから7000万年前の白亜紀の空を、鳥は支配しつつありました。

中生代に、鳥は恐竜と共存していた？　いえ、それは少しちがいます。進化して、空を飛べるからだを手に入れた一部の恐竜が、「鳥」になっていたのです。つまり、空を飛ぶ鳥は、姿かたちこそちがえども、恐竜の一グループであることにかわりはありませんでした。

恐竜は6550万年前に絶滅しました。でも、それは表向きのこと。恐竜は「鳥」に姿を変えて現代まで生き残り、大繁栄していると考えていいのです。

周りの人に鳥の特徴をざっくり挙げてもらうと、「鳥にはつばさがあり、羽毛があり、口の代わりのクチバシがある。温血《おんけつ》。卵を抱いて温め、雛《ひな》を孵《かえ》す」。そんな答えが返ってきます。でも実は、クチバシ以外の特徴は、祖先から丸ごと受け継いだものでした。

この十数年で、多くの恐竜が羽毛をもっていたことがわかりました。しかもそれは、灰色だったり、茶色だったりする哺乳類《ほにゅうるい》のような地味な色ではなく、白や黒はもちろん、赤や黄色やオレンジや、もしかしたら青や緑や紫の羽毛ももっていたかもしれないのです。

かつては、ゾウやサイのようにむきだしで地味な色をした皮膚の生物として描かれていた恐竜が、ふんわりとした羽毛をまとった姿で描かれている最近の恐竜図鑑を手に取り、驚いた方も多いことでしょう。いまでこそ「羽毛」といえば鳥ですが、カラフルな羽毛を先に身にまとったのは、祖先の恐竜たちでした。

鳥の祖先は、ティラノサウルスやオビラプトルなどを生み出した肉食恐竜のグループです。当時、最大の暴君として知られたティラノサウルスは、鳥たちの直接の祖先ではありませんが、何代か前に枝分かれした親戚すじにあたります。そして、近縁の肉食恐竜の多くは、確実に羽毛をもっていました。

ちなみに、まったく鳥とは縁のない別系統の恐竜の皮膚化石にも羽毛の痕跡が見つかっています。恐竜と同じ祖先から生まれた翼竜のつばさの皮膜にも、原始的な毛状の組織があったようです。つまり、皮膚に羽毛をつくる遺伝子は、誕生直後の恐竜か、それ以前の祖先がつくりだしたもので、それが鳥に受け継がれたということなのです。

さらに、「つばさ」をつくりだしたのも、鳥の祖先の恐竜たちだったことがわかっています。

恐竜がもっていた初期のつばさには、十分な飛行能力はなかったものの、つばさのおかげで少ないエネルギーで樹上に駆け上がることができたうえ、樹上から滑空して少し離れた場所にいる獲物におそいかかることもできました。また、つばさによる「羽ばたき」が着地の衝撃を弱めてくれるため、ケガすることなく樹上や崖から飛び降りることができたと考えられています。

羽毛やつばさはなぜ生まれたのか。それには、いろいろな説があります。ここで挙げた滑空なども大きな可能性のひとつですが、より多くの卵を効率よく抱《だ》くために発達した可能性も否定できません。ただ自身の皮膚に密着させて卵を温めるより、羽毛で包み込んだほうが、多くの卵をむらなく温めることができるからです。

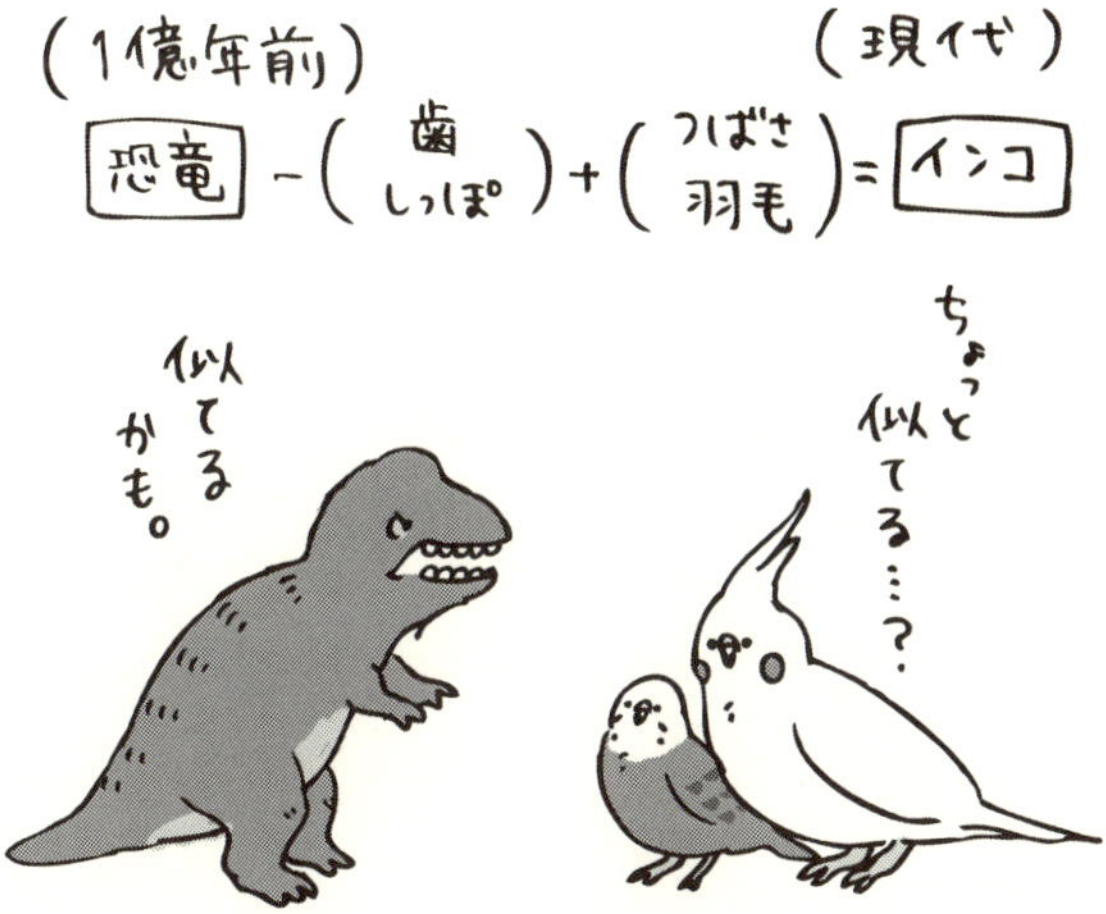

また、カラフルな羽毛を使って異性を引きつけるためのディスプレイをする鳥がいるように、恐竜の一部もカラフルな羽毛で異性を引きつけていた可能性があります。

そんな恐竜の一部が、空を目指しました。空を自在に飛ぶためには、身を軽くする必要があります。鳥の祖先は、からだのいらない部分をそぎ落とし、どうしても必要な部分だけを残しました。歯は捨て、かわりにクチバシを。重い尾も捨てました。かわりに、尾羽《おばね》と、つばさの微妙なコントロールでからだのバランスを取れるようにしました。

また、空を自在に飛んで生きるためには、地上暮らしよりも発達した脳がいります。視覚情報も、とても大事になるため、目も良くしなくてはなりません。

結果として鳥は、大きな脳と大きな目をもつようになりました。それが、いまの鳥の姿です。そして、その大きな脳が、インコを賢く、ユーモラスにしたと考えられるのです。

絶滅の危機、どうのりこえた？

6550万年前、メキシコのユカタン半島に巨大な隕《いん》石が落ち、さらに地球の裏側のインドでは、土地の6割にも相当する大面積での火山噴火が数万年間も続きました。こうした一連の事件によって、地球環境がそれまでとは一変したことで、多くの生物が絶滅しましたが、鳥類は生き残りました。

しかも、たった1種類が生き残って、大絶滅期ののちにそこから再度、分化していったわけではありません。当時、すでにダチョウなどの走鳥類や、カモ類の祖先などが分化していて、小鳥類を含めた複数の鳥種がいました。

哺乳類の祖先も、白亜紀後期に複数のグループに分化していて、分化した個々のグループが絶滅を乗り越えていたことがわかっています。

恐竜も翼竜も基本的に絶滅したにもかかわらず、鳥類と哺乳類がともに苦境を生き延びた事実から、彼らが絶滅を乗り切ることのできた理由が、少しずつ見えてきました。

現在も同様の特徴を残していますが、この時期の鳥類と哺乳類には、恐竜に比べて「成長が速い」という特徴がありました。わずか数週間で親と同じサイズにまで成長して、数か月から1年後には繁殖できるようになるものも多くいました。

そうした特徴のおかげで、食料が少ない場所にいたグループが全滅してしまったとしても、食料をそれなりに確保できたグループは、数を維持できたり、増やすこともできました。鳥にかぎっていえば、最大の特徴である「飛べる」という事実は、エサを探したり、巣をつくる場所を探すのに、とても有利でした。

成長が速いということは、次の世代の誕生が早いということ。つまりは、進化（分化）のスピードが速いことを意味します。実際、恐竜が何百万年、何千万年かけて行った進化を、鳥は数万年、数十万年という短期間でなしとげてしまいました。そして、新しい世界、新しい環境に、ほかの動物よりも早くなじみ、空という環境の支配的な生物になると同時に、空以外のさまざまな領域への進出もはたすことができました。

また、鳥が適度な大きさだったことも幸いしました。恐竜が鳥に進化する際、大幅なダウンサイジング（小型化）があったことがわかっています。大型～超大型の恐竜が闊歩《かっぽ》していた白亜紀、鳥はコンパクトな小鳥～ハトサイズのものが多くいて、それが絶滅を乗り切るのに優位に働いたと考えられています。エサが得にくい時代、少ないエサで生きていけることが、時代を乗り切る絶対の条件だったからです。

祖先の恐竜から「温血」という特徴を受け継いだ鳥の体温は、39～43度。温血動物は、高い体温を維持するために、同じサイズの変温動物の数倍の食料を必要とします。温血という資質は、すばやい活動には適していますが、絶滅期の食料難の時代、大きなからだでは、食料が足りずに餓死してしまう可能性も高くなります。

恐竜という時代の支配者のもとで生きたことで、当時はまだ巨大化の方向に進まなかった（進めなかった）ことが、結果として鳥たちに幸運を招きました。私たちが、絶滅を回避できた鳥の祖先から進化した、インコやオウムという知的で個性的な生き物と出会えたのも、この時代を生き延びられたおかげなのだと思うと、感慨深いものがあります。

(7000万年前)
えっ？そんなに食べるの？
(6550万年前)
ヒューッ
いわんこっちゃない…
進化もしてないし
ごはん足りない…

ハヤブサとインコの意外な関係

気候が安定しはじめ、さらに恐竜という覇者《はしゃ》がいなくなった地球で、鳥はあっというまに元の地位を回復しました。白亜紀には未踏だった領域にもどんどん進出し、海面、海中から高山にいたるまで、多くの環境に適応した種が生まれていきます。からだを大きくした地上生活の肉食鳥のグループは、かつての恐竜ポジションまで手に入れ、「恐鳥《きょうちょう》」として恐れられましたが、進化した肉食哺乳類との競争にやぶれて、やがて消え去りました。

繁栄する鳥類グループの中で、最後に分化したのがインコやオウムたち「インコ目」と、スズメやカラスの仲間の「スズメ目」です。そのため、もっとも進化したグループと呼ばれることもありますが、両者が他の目の鳥よりもすぐれているという意味ではありません。

とはいえ、知的な能力という点では、スズメ目のカラス類と、インコ目の大型インコやオウムが鳥類の頂点に立つので、あながちまちがいともいえないのですが。

この20年、見かけや生活スタイルをもとにつくられた従来の分類を見直し、DNA分析から動物種を分類し直す動きが強まっています。たとえば、クジラやイルカにもっとも近い陸上動物はカバの仲間であるとか、海に暮らすアシカやアザラシと、パンダなどを含むクマの仲間が近い関係であることもわかってきました。鳥類についても同様で、ＤＮＡから分化、分岐の時期を確認する作業が進められた結果、意外な事実も判明しました。

インコ目とスズメ目が近いことは以前から知られていましたが、なんとハヤブサの仲間は、実はワシやタカとはかなり縁が遠く、逆にインコやスズメにとても近いという事実が判明したのです。クチバシが曲がった仲間であるハヤブサとインコ。近い時期に進化の枝を分岐した仲間でした。こうした事実が判明したことで、最新の鳥類分類では「ハヤブサ目」が新設されて、スズメ目、インコ目のとなりに並べられるようになりました。

インコは「しゃっくり」をしません

現在の地球の大気には、酸素が約21パーセント含まれています。それを当たり前と感じて私たちは暮らしていますが、地球にはかつて、10パーセント前後（現在の約5割）にまで酸素の割合が減った時代がありました。

それは、生物の95パーセントが絶滅したといわれる古生代、ペルム紀末のことで、低酸素時代は数千万年も続きました。想像するだけで息苦しくなりますが、地球全体が高山になってしまったような厳しい状況でした。

環境の激変は、生物をぎりぎりのところに追いつめます。からだの構造や食性など、あまり特殊な方向に進化してしまうと、急変する状況に対応できず、あっというまに全滅してしまいます。その一方で、大きな進化は、絶体絶命の不利な状況を乗り越えたときに得られるものでもあります。それは、生と死を天秤《てんびん》にかけた「チャンス」でもあるのです。

少ない酸素を効率よく吸収するために、二つの生物グループがからだを大きく変化させました。ひとつはもちろん、私たち哺乳類です。「横隔膜《おうかくまく》」をつくり、それを筋肉で動かすことで、肺の中に酸素を取り込みやすくしたのです。ちなみに「しゃっくり」は、横隔膜が痙攣《けいれん》して起こるもの。2億数千万年前の、横隔膜を生み出す前の祖先は、しゃっくりというものを知りませんでした。もちろん、インコもカエルも、しゃっくりはしません。

もう一方は、恐竜や鳥の祖先である主竜類《しゅりゅうるい》。翼竜と恐竜の共通祖先でもあります。こち

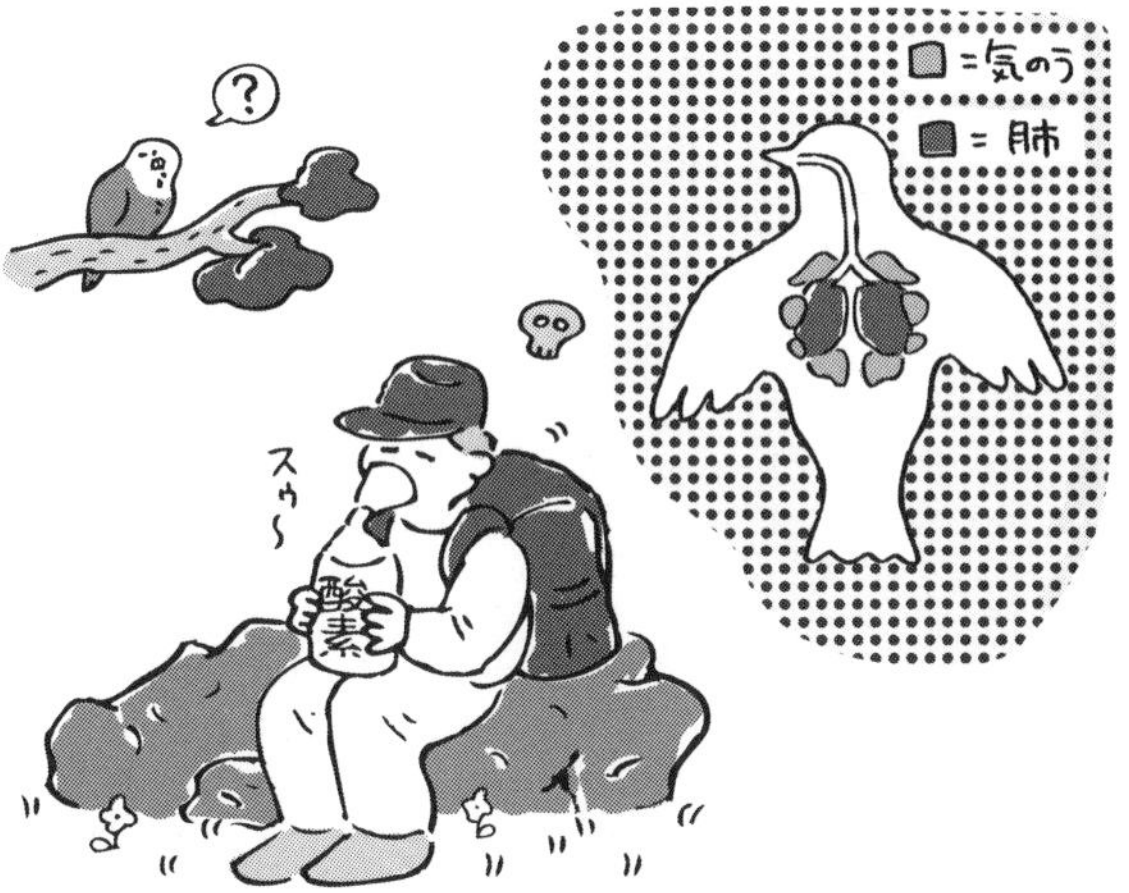

らは、さらに進んだ呼吸方法を身につけました。肺自体を拡げて呼吸するのではなく、肺の前後に空気をためる袋「気嚢《きのう》」をつくり、気嚢を拡げたりしぼませたりすることで肺に新鮮な空気を送り込めるようにしたのです。

　気嚢は鳥の体内の広範囲に広がり、大きな骨の内部にまで入り込んでいます。一般的な鳥の気嚢の働き、呼吸のしくみは、次のとおりです。

　鳥が吸い込んだ空気は、肺を素通りして、からだ後方の気嚢（後気嚢《こうきのう》）に送られ、そこをふくらませます。後気嚢がしぼむと、中の空気は肺へと送られます。このとき、肺の中の空気は前方の気嚢（前気嚢《ぜんきのう》）に送られ、ここをふくらませます。前気嚢がしぼむと、その中の空気が口や鼻の穴から排出されます。これが鳥の呼吸です。実際はもう少し複雑ですが、大事なことは、気嚢という特殊な補助呼吸装置をもったおかげで、鳥やその祖先の恐竜の肺はつねに酸素を取り込むことができたということです。

「横隔膜システム」に対して「気嚢システム」がすぐれている点は、鳥が息を吐き出しているときも、肺の中は新鮮な空気で満たされていて、酸素が継続的に取り込まれているところでしょう。

横隔膜を使って呼吸する哺乳類は、肺胞の中に入ってきた空気のうちの酸素を一部だけ血中に取り込み、かなりの部分を吐き出しています。一方、鳥の肺では、流れ込む空気と、酸素を取り込む血流が正面からぶつかるかたちになっていて、しかも空気はほとんど途切れずに肺の中に流れ込むため、血液はつねに酸素を受け取って全身に巡回させることができるようになっています。さらに鳥は、気嚢の収縮をコントロールすることで、血流と接する空気の流量を大幅に増やすなどして、取り込む酸素を増やすこともできます。

これが、「気嚢システム」が、「横隔膜システム」に対して3倍以上の効率をもつといわれるゆえんです。

また、このような高い酸素取り込み能力をもっているがゆえに、アネハヅルなどの渡り鳥は、高度８０００メートルという空気の薄い高高度を苦もなく渡っていけるのです。

そんな気嚢システムを、祖先の恐竜ももっていました。共通祖先から分かれた翼竜が同じしくみをからだの中にもっていたことも確実視されています。巨大なからだをもつ恐竜がいたこと、俊敏に動ける肉食恐竜がいたこと。それは、恐竜が体内に気嚢という効率のよい呼吸システムをもっていたことと大きく関係していると考えられています。

人間には見えない色も見えています

鳥は、紫外線まで見えるフルカラーの視覚をもっています。目がいいという評判どおり、解像度も高いです。薄暗いところでは視力は落ちますが、一部の鳥を除いて、完全に見えなくなるわけではありません。インコを含めた鳥の多くは捕食される側の生き物なので、身の安全を確保するために、上下を含め、全周に近い広い視野をもっています。ただし、そのぶん、両眼で見られる領域は狭くなります。また、目の前1センチメートル以下から、はるかかなたまで広くピントが合います。鳥の目とは、こんな目です。

鳥や人間を含めた動物の目には、「錐状体《すいじょうたい》」という色を見分ける視細胞と、「杆状体《かんじょうたい》」という光を感じる視細胞があります。どんな生物も、そのからだに合ったサイズの目しかもつことができません。そのため、目の奥の網膜の面積と、もてる視細胞の数にも限界があります。フルカラーで暗視能力も高くしたいと願っても、それはかなり困難です。

生物は進化の中で、自身の生活に合った視細胞のバランスをつくりました。もてる面積の網膜の中に2種類の視細胞を配分するのです。昼の世界で生きていて、フルカラーで見ることが重要なら色を見分ける細胞を増やし、暗闇の中での行動が主となる生き物であれば光を見る細胞を増やします。

夜行性のキーウィなど一部の例外を除いて、鳥は昼間に活動し、視覚を中心とした生活をしています。嗅覚は衰えて、ほとんど利用できないため、食べられるものかどうかの判断も、基本的には「色」がたよりです。必然、色を見分ける視細胞の数が多くなります。

人間は色を見分ける視細胞を3種類もっていて、世界を赤（R）、緑（G）、青（B）の

3原色で見ています。フルカラーの視覚をもつことを人間は自慢しがちですが、鳥は4種類の色を見分ける視細胞をもち、人間よりも多い4原色で世界を見ています。しかも、人間には見えない300〜380ナノメートルの紫外線領域までも見ることができます。

そうした視細胞をもつのは、もちろん鳥が視覚中心の生物だからですが、鳥の祖先の恐竜がもともとこうした4種の視細胞をもっていて、それが受け継がれただけ、ということもできます。

一方、イヌやネコなど多くの哺乳類は、色を見分ける視細胞を2種類しかもたないため、見る世界は2原色で、人間から見ても、色彩の乏しいバランスの悪いものになっています。遠い祖先や絶滅種を含めて、哺乳類は夜行性のものが多く、暗闇でも、ものがよく見えるように進化する過程で、フルカラーの視覚を捨てる選択をしたことが原因でした。

霊長類《れいちょうるい》は、霊長類に進化する過程でふたたび昼の生活にもどりました。加えて、生活の場を樹上に移したために、近寄って臭いを嗅ぐ、ということも難しくなりました。こうしたことから、視覚を強化する必要がでてきたのです。人間がもつ赤と緑の視細胞は、もともと同じ細胞でした。人間やほかの霊長類は、これを無理矢理2つに分け、3原色で世界

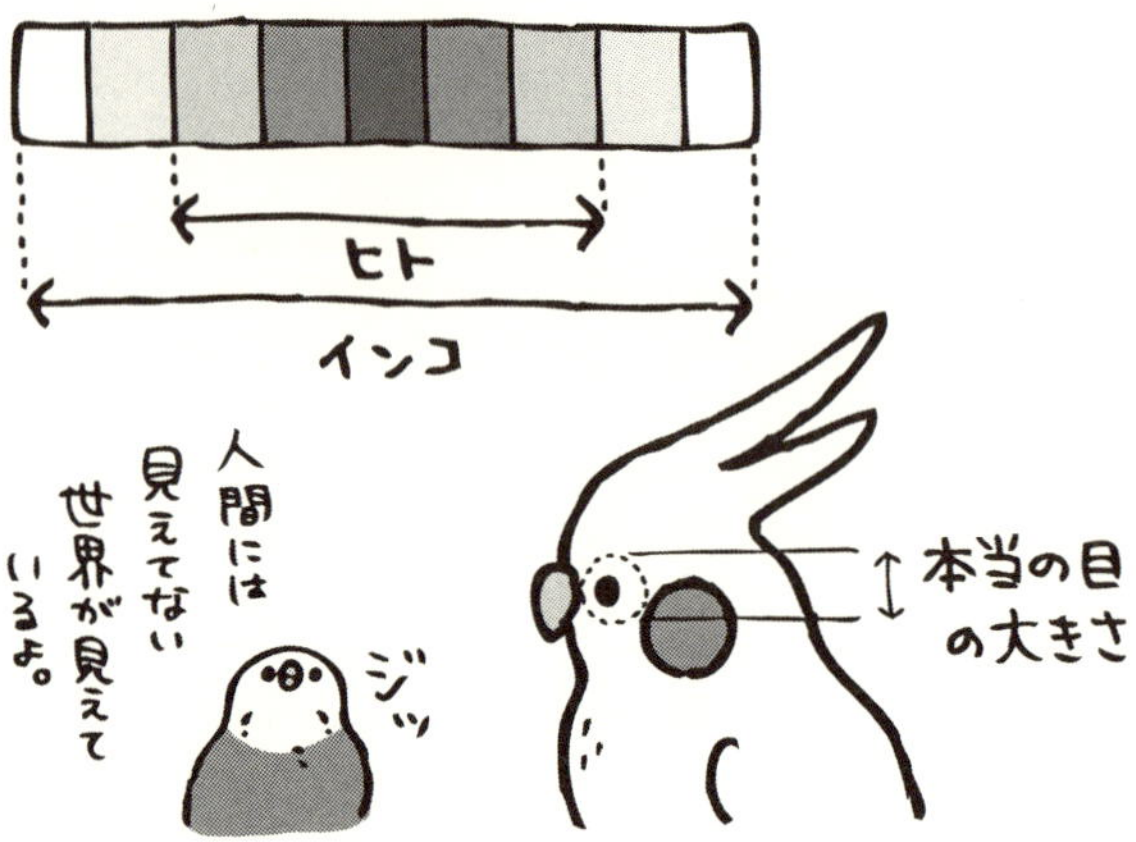

を見られるようにすることで、あらためてフルカラーの視覚を取り戻したのです。

鳥の錐状体の感受特性は、かたよりのある人間の錐状体と比べてきれいな配列になっているうえ、カバーする波長領域が広いという特性をもちます。その一方で、色を見分けることを優先したため、多くの鳥は暗闇で見る能力を犠牲にしました。限られた網膜の面積を「色」優先に割り振った点が、哺乳類と大きくちがっています。

それでも鳥は、高い空から、地上や遠方を見て、判断を下す能力を維持することも捨てられませんでした。それを可能にしたのが「大きな目」です。鳥の目は一見、あまり大きくないように見えますが、外から見えている部分は角膜、虹彩《こうさい》部分で、その奥に大きな眼球が存在しています。まぶたの上からさわってやっと、人間の眼球の大きさがわかるのと同じように、鳥の目はとても大きいのです。

さらにインコやブンチョウなど、インコ目やスズメ目の鳥は、からだに対して大きい頭部をもっています。そして、その頭蓋骨の中身の大部分が、大きな脳と大きな目で占められています。

ハデな羽毛色にはワケがある

熱帯地方を中心に、色鮮やかな羽毛をもつ鳥がたくさんいます。でも、インコも負けていません。赤、青、緑、紫、オレンジ、黄色。黒や灰色、白まで。羽毛の配色バランスが印象的な種も多いのです。飼育されているセキセイインコやコザクラインコなどを見ると、羽毛色のバリエーションが多いことに驚きます。さまざまな色のインコと暮らしたいと願う人には、彼らは絶好の相手です。

インコがカラフルになったのは、自分たちの羽毛をつくる色が全部はっきり見えている、ということが大きく影響しています。昆虫、魚類、両生類など、3原色以上で世界を見ている生物の色は総じて鮮やか。見えていることで、鮮やかになります。地味な哺乳類とは好対照です。

そんな鳥の羽毛の色は、黒や灰色、茶色やシナモン色をつくる「メラニン」や、赤や黄色をつくる「カロチン」などの色素と、羽毛表面のミクロの凸凹構造によって生まれています。後者は構造がつくる見かけ上の色で、実際には色がついているわけではないことから「構造色《こうぞうしょく》」と呼ばれます。ＤＶＤやブルーレイ・ディスクの記録面に色がついて見えるのも同じ原理です。

鳥の羽毛には、そうした色素と構造色を生む領域が層状に重なっていて、色を生み出す遺伝子のスイッチが発現したりしなかったりすることで、複雑な色をつくりだしています。

セキセイインコで簡単に説明してみましょう。セキセイインコの原種は鮮やかな緑色に黒の縞《しま》があります。黒はメラニンの色です。緑色は、黄色をつくるカロチン色素の層の上に青をつくる構造色の層が重なって、黄＋青で「緑」に見えています。

品種改良で黄色の色素をつくる遺伝子の働きを止める（オフにする）と青いインコになり、構造色をつくる遺伝子のスイッチをオフにすると黄色いインコになります。色をつくるすべての遺伝子がオフになったのがアルビノです。色のスイッチをオフにするだけでなく、色を強める、弱めるスイッチも遺伝子にはあり、それが微妙な色を生み出すもとになっています。

それ、頬じゃなくて、耳なんです

私たちが「耳」と呼んでいるのは、外に張り出した「耳介《じかい》」です。ウサギの耳やネコの耳を見てもわかるように、哺乳類には耳介があって、多くは、それを自分の意思で動かしながら、音源を探します。

でも、これは基本的には哺乳類だけのこと。カエルやトカゲなどの両生類や爬《は》虫類に耳介はありません。もちろん、インコたち鳥類にも。ミミズクは？　と思う人もいるかもしれませんが、ミミズクのミミはかざり羽で、耳ではありません。

耳介は音を集めるための「装置」ですが、インコたちの耳は「くぼみ」があってその真ん中に穴が開いているだけの構造で、くぼみがパラボラアンテナのお皿のように音を集めるしくみです。当然ながら、形や向きを変えることができません。かわりに、自分の頭の向きを変えて、音が聞こえる方向を捉えようとします。何か音がしたとき、インコはしきりに頭の方向を動かします。これは音源の場所や距離を調べようとする本能的な行為です。

インコの耳は、目の外側、やや下がった位置にあります。オカメインコを例にすると、オレンジ色をしたほほの丸いチークのちょうど真ん中にあります。「ほほ」のように見えているところをよく見ると、その部分の羽毛の質がからだの他の部分とちがっていることがわかるでしょう。実はここ、どんな鳥も、あまり広がらない細めの羽毛が多いのです。

丸く色が変わっていたりして、一見ただの飾りのように見えるこの部分の羽毛には、特別な機能があります。ラジオのブースなどで、マイクの前に、金魚すくいのアミにも似た、丸いシート状のものがあるのを見ることがあると思います。ポップガードとかポップスクリーンと呼ばれるものです。マイクに息をふきかけると、ボボボという音が拾われてしまいますが、それを防ぐためにつけられているものです。インコやほかの鳥の耳のまわりに

ある羽毛は、それと似た機能をもっています。
　鳥は空を飛ぶ生き物です。敵や危険物から逃れるために、空中でも、クリアに音を拾わなくてはなりません。鳥は、飛行によって正面から受ける風も、イレギュラーな横風も、なめらかな頭部（の羽毛）と耳まわりの羽毛によってきれいに流し、ノイズなく音をキャッチできるようになっています。
　では、インコの耳の性能はどんな感じなのでしょう？　残念ながら、鳥種ごとに耳の性能比較をしたようなデータはまだほとんど存在しないので、ここでは一般的な鳥の聴力の話をします。
　イヌは40〜5万ヘルツの周波数の音を聞き

取る能力があるといわれます。なかには、6万ヘルツ以上の音を聞き取ることのできる種もいます。ネコの可聴範囲はもう少し広く、25〜7万ヘルツ。平均的に、ネコのほうが高周波の音を聞く能力が高い傾向があります。ネコはネズミなど、獲物となる小動物がたてるごく小さな音も拾えるように、ここまでの能力を身につけたと考えられています。

一方、人間はというと、16〜2万ヘルツほどで、イヌやネコが反応する高音域は聞こえていません。年齢にもよりますが、1万6千ヘルツを超えると聞こえなくなる人も多いようです。そしてインコですが、人間と比べても高い周波数の音は聞こえていません。下限は人間ほどで、上限は1万2千ヘルツくらいです。

インコたち鳥の可聴域が狭いのは、耳の構造が単純である結果でもあります。鳥は、鳥に進化する過程でからだを極限まで軽量化する必要があり、筋肉や骨もふくめて捨てられるものはすべて捨ててしまいました。

聴力の要《かなめ》は、鼓膜とそこにつながっている骨。私たち人間もふくめた哺乳類では、鼓膜にふれた音を増幅して伝える骨は3つの骨から構成されていますが、鳥ではそれがまとまってひとつの骨になっています。また、音を電気信号に変換して脳に伝える蝸牛管《かぎゅうかん》もコンパクトで、その名前の由来となったカタツムリのようなかたちにはなっていません。

しかし、こうした耳の形状は、鳥の耳の性能が悪い、ということを意味しません。鳥たちの耳は、哺乳類の何倍も音を細かく分解して聞き取ることができるようになっています。さらに、鳴禽《めいきん》と呼ばれるさえずる鳥たちやインコは、聞いた音を、音程の微妙な変化まで正確に記憶することができます。

何度も同じ音を聞けば、記憶は完璧。師匠についてさえずりを覚える鳥や人間の言葉を話すようになるインコやオウムは、聞いた音を脳内で完璧に再生しながら、それとぴったり合う音を自身の喉から出せるように自分自身を訓練することができるのです。ですので、聞いた声で人間を識別するなど、インコにとっては造作のないことです。

言葉をつくる技術とは

一部のインコは器用に人間の言葉を話します。人間の言語の概念を部分的に理解したうえで、人間の言語による意思疎通が可能なインコもいます。大型インコの脳にはそれだけの「力」が秘められています。インコ以外で話す鳥といえばキュウカンチョウがよく知られていますが、キュウカンチョウは市街地などでよく見かけるムクドリの仲間です。

さえずる鳥やインコは、胸に「鳴管《めいかん》」という発声器官をもっています。人間が喉にある声帯を使って話すように、鳥は鳴管を使って音を発します。鳴管は、喉からつながる気管支が両肺に分かれる部分にあって、通る空気により、細やかに振動させることが可能です。目的をもった意思のもと、鳥は出したい高さの音を自在につくり出すことができます。

そんな鳴管と、筋肉のかたまりである舌を器用に組み合わせて、インコは人間の音声に相当する音をつくって、好きな人間の言葉をまねたりできるのです。

ちなみに、鳥の鳴管の音をつくる部分は、肺の手前の左右の気管支にひとつずつあり、音質も音程も別々の音を同時に出すことができます。さえずる鳥が表情豊かで複雑な歌をうたえるのも、左右の鳴管を使い分けられるからこそです。

左右の鳴管がつながる部分には鳴管《めいかん》鼓室《こしつ》と呼ばれる膨らみがあり、つくった音をここで共鳴させることで、音量の大幅なアップが可能になります。それが、小さな小鳥たちが、哺乳類ではありえないほどの大きな声を出せるゆえんです。

異性への求愛やナワバリ宣言など、鳴禽類の人生（鳥生）にとってきわめて重要なアピールである「さえずり」をつくる鳴管ですが、残念ながらインコの多くは、「音程」という点で、それを十分には活用できていません。少し、残念です。

インコは「おいしさ」を感じている？

イヌもネコも人間も、舌の表面を中心に「味蕾《みらい》」という味を感じ取る感覚器をもっています。生物が味覚という感覚を得たのは、口に入れたものが食べものかどうか判断するためでした。過去に食べたものとちがう味、おかしな味がしたら、有毒かもしれない。傷んでいたり、腐っているかもしれないので、ぺっと吐き出す。遠い祖先からそんなことを繰り返してきたのです。そこに進化の過程で、「味わう」という要素が加わって、味覚が発達してきたと考えられています。

哺乳類を見ると、味蕾の数は肉食動物で少なく、草食・雑食動物で多い傾向があります。雑食の人間が5千～8千個ほどなのに対し、身近な肉食動物のネコは500個前後。一方、草しか食べていないはずのウシには、人間の3〜5倍の2万5千個も味蕾があり、微妙な草の味のちがいを感じながら食べているようす。意外です。

鳥類の舌にももちろん味蕾はあり、味のちがいを感じることができます。ですが、一般に、鳥類は哺乳類に比べて味蕾の数が一桁から二桁も少ない傾向があります。

哺乳類は歯で噛《か》みちぎり、咀嚼《そしゃく》して飲み込みます。鳥類は口がクチバシに進化したために噛めず、エサをそのまま飲み込むことが多くなりました。つまり、味を感じることなく胃へと送られてしまう。これでは味蕾があってもあまり意味がないということで、その部分が退化したと考えられています。

実際、泳ぎながら魚やイカを丸飲みしているペンギンは、味蕾も少なく、酸味と塩味以外の味覚を失っている可能性が高いという研究報告もありました。人間が感じる味覚には、甘味、酸味、塩味、苦味、うま味、の5種類がありますが、ペンギンは甘味など、3つの味覚を退化させ、失ってしまったようです。

地上暮らしのハトやニワトリにも、数十という数の味蕾しかないことがわかっています。それでも問題が生じないのは、多くの鳥が、「実が赤く熟せば食べられる。緑のままだとまだ固い。茶色になったら腐った証拠」など、食べられるかどうかの判断を、味ではなく、目で見て行っているからです。

鳥は総じて味蕾の数が哺乳類よりも少ないのですが、インコ・オウム類はかなり特殊で、およそ360個と、鳥類の中でもっとも多い味蕾をもっています。比較すると、ネコよりもわずかに少ない数、ということになります。しかも、インコやオウムの味蕾は多くの鳥類とはちがっていて、哺乳類の味蕾にそっくりなかたちをしていることもわかっています。インコの舌の表面積は人間の舌の200分の1以下であることを考えると、単位面積あたりの味蕾数は、とても多いと考えてもいいのかもしれません。

個性の幅がとても広いオウムやインコは味についてもうるさく、明確な「味の好み」をもっています。これとこれなら、こっちのほうが好き、と味や食感で判断して食べ物を選ぶこともあります。味音痴という言葉とは無縁の存在のように見えます。

人間の場合、食の「好み」は経験がつくります。また、個性の幅だけ、好みがあります。インコにもその傾向があり、同じ親から同じ時期に生まれた鳥でも、育った環境が違うと、味の好みは大きく変わることを、多くの飼い主が経験しています。

風邪をひくなどして鼻の奥に炎症があると、においがわからなくなって、食べものの味がわからなくなるという話もよく聞きます。おいしさが半減すると感じる人も多いようです。人間の場合、味覚は、食べもののかおりとともに味わうものでもあったりするのですが、インコにも同じことがあるのかどうかはよくわかっていません。

鳥も、鼻腔《びくう》の奥ににおいを感じる細胞をもっています。しかし、それはきわめて数が少なく、あまり機能していないと考えられています。インコたち鳥が、哺乳類のように体臭で仲間の判別はしていないことだけは確かです。

インコとオウムはどうちがう？

本書のタイトルはインコですが、インコもオウムも同時に扱っていきます。この章の最後に、インコとオウムの肉体的なちがいを簡単に解説しておきましょう。

インコとオウムは古くから混同されてきました。「大きいのがオウムで、小さいのがインコでいいじゃないか」といわれたこともあります。外見でわかる両者のちがいは、大きく

は2点。羽毛の色（色素）と冠羽《かんう》です。

頭が丸くなめらかなのがインコ。冠羽があるのがオウムです。

セキセイインコやワカケホンセイインコ、コザクラインコ。みんな頭が丸いでしょう。アマゾン産の派手なコンゴウインコも丸い頭をしています。「洋鵡」という名前からオウムの仲間と思われがちなヨウムも、インコです。

一方、小柄ながらも頭部の飾り羽、冠羽が目立つのがオカメインコ。インコと名前がついていますが、立派なオウムの仲間。白系オウムと呼ばれるコバタン、キバタン、タイハクオウムなど、みな頭に冠羽をもっています。

オウムの冠羽は、感情が見える標識灯のよ

うなもの。詳しくは3章で解説しますが、不安や当惑や緊張など、すべて冠羽にでてきます。本人が知らん顔をしたとしても、冠羽が示す心の内面を隠すことはできません。このあたりもインコと少しちがっています。

もう一点。それはオウムが青や緑の色をもたない、ということ。黒~灰色、茶色を出す色素メラニンは、オウムもインコもみんなもっています。赤や黄色のカロチン系もどちらももちます。ところが、青や、ほかの色と重なって緑や紫をつくる羽毛の「構造色」を、オウムの仲間はもちません。

ですので、赤や青や緑や紫、そんなカラフルな羽毛をしていたら、インコだと思ってください。ゴシキセイガイインコ、コンゴウインコ、コガネメキシコインコなど、色鮮やかな鳥は基本的にインコです。

なお、からだの特徴ではありませんが、インコが世界規模に広がっているのに対し、オウムがアジアとオセアニアの狭い範囲にしかいないことも大きなちがいです。種の総数も、インコの方が圧倒的に多くなっています。

第二章

行動にはわけがある？インコらしさをつくるもの

鳥のものさし、インコのものさし

イヌやネコやインコなど、身のまわりにいる動物に対して人間は、「人間という動物」がもっている「ものさし（感覚）」に、もっている情報や、経験から身についた理解などを加えて、「この動物はこんな生き物」、「こんなふうに感じているはず」、「こんな行動を取る」と感じたり、考えたりしています。

当たっていることもあれば、まちがっていることもあります。思い込みや、誤った知識のせいで、理解が遠くなることもあります。

動物は、人間のモラルや価値観からすれば「悪」に見える行動もします。でもそれも、彼らにとっては、ごくノーマルな行動の範囲内であることが多いのです。

イヌもネコもインコも、それぞれ独自の基準や価値観の中で生きています。それは進化した環境や過程で得てきたもので、ＤＮＡの中に書き込まれているものです。

そして、ほかの動物と接するときも、人間がそうするのと同じように、自身の心の中にある「ものさし」を使って、相手を理解したり判断したりします。

ですので、自分が取った行動に対して、人間が戸惑ったり、怒ったりするのを見て、わけがわからず困惑してしまうことがあります。人間と出会ったインコが人間を理解するのも、インコという生き物がもっている価値観や感覚の範囲内でのことだからです。

ではインコは、どんな価値観や感覚をもって生きているのでしょうか？　鳥としての行動の基準や、インコとしての基準がわかると、だんだんそれが見えてきます。

インコはまず「鳥」であり、そしてインコです。鳥としての目で世界を見て、インコとしての行動基準、判断基準にしたがって生きています。

インコやオウム、ブンチョウなどの鳥は、基本的に「群れ」で暮らす生き物。鳥にとって「群れ」は、危険な野生の中で生き延びやすくするための「手段」です。

猛禽《もうきん》類や肉食獣など、自分たちを捕食する生物が迫ったとき、まわりにおおぜいの仲間がいれば、だれかが危険に気づいて警告してくれるかもしれません。まわりのだれかが犠牲になれば、自分がつかまって食べられる（殺される）可能性が減ります。食料探しの際も、おおぜいで探す方が、エサを見つけやすくなります。

また、最初から群れていれば、自分の遺伝子を託す繁殖相手を、あちこち飛びまわって探さなくてもよくなります。こんなふうに群れには、たくさんのメリットがあります。そのため、群れをつくるのです。

そして、そんな野生の鳥にもっとも必要とされる資質は、「逃げ足の速さ」です。それをもたない鳥は、たとえ群れに加わったとしても生き延びることができません。

なにか危険がありそうだと感じたら、とにかく飛んで逃げる。先のことを考えるのは、逃げたあとです。「臆病」であることは、鳥にとっては大事な資質。むしろ、臆病すぎるくらいのほうが、生存確率は高まります。野生では、危機感のなさや中途半端な好奇心は、死を招くことになりかねないからです。

そうした資質は、何代にもわたって人間と暮らしてきたインコにも、群れの一員でいたいという心とともに残り続けます。たとえそれが過剰反応だったとしても、危険を感じたインコは、とにかくその場から飛び立ちます。ほかの鳥があげた悲鳴を聞いただけでも、逃げようとします。

日本の各地で、人間のもとからインコが逃げ出す事件が多発していますが、そうした事件の大きな引金になるのも、インコが感じた恐怖です。怖い、危険、と感じたとき、インコの胸で、「いますぐ、できるだけ遠くに逃げろ」と本能がささやきかけます。その声を聞いたインコは、開いている窓やドアが目に入れば、そこから外へと飛び出してしまうわけです。

あふれる好奇心は、安心のあかし

野生では、確実にエサが食べられる保証はどこにもなくて、ときに大変な寒さ、暑さも経験します。ちゃんと自分を管理して、緊張感をもって生きていたとしても、予想外の事件で命を失うこともあります。病気になって治るかどうかも、自身の免疫力と運しだい。ほとんどの野生生物は、いまを生き、命を次の代につなげることだけで精いっぱいです。

ともに暮らしてみると、インコには興味深い資質がたくさんあることに気づきます。しかしそれは、野生ではあまり表にでてきません。インコやオウムは、ほかの鳥類と比べて高度に発達した脳をもちますが、それも野生ではなかなか生かせる余裕はないようです。

しかし、そんなインコも、人間と暮らし、心を交わすようになると大きく変わります。食べものと寝床が保証され、退屈を感じるほどに時間をもてあますこともある日々。そんな環境で、心の深部にあったさまざまなものが、少しずつ表に浮かび上がってきます。

それは、好奇心だったり、遊び心だったり、怠惰な心だったり、大胆な行動力だったり。好奇心とあいまって、「好き」の幅や対象が広がるのも、変化することのひとつです。

鳥の好奇心は、もともとは、興味をおぼえた新たな環境に一歩を踏み出したり、新しい食べものを見つけて食性の幅を拡げたりするためにありました。多くは失敗して死んでしまうのですが、たまたまうまくいくと、生息域を拡げられたり、新たな食性になじんで種の分化を進めるきっかけにもなりました。

野生で強く現れると、かなりの確率で身を滅ぼすことになる「好奇心」。でも、家庭では、大丈夫。熱いものや、インコには有毒な植物・食べものなども家の中にはあり、野生では出会わない危険も存在しますが、その大部分を人間が取り除きます。

家の中でインコは、好奇心のおもむくままに、興味をもったものをさわったり、かじったり、もち上げてみたりできるようになります。家の中の探検も、しほうだいです。

ためしにやってみたことが楽しくなると、それは「遊び」なります。人間の幼児がティッシュの箱から中身をどんどん取り出しておもしろがったりすることがありますが（親からすれば大きな迷惑だったりもしますが）、そんなことをインコもします。自分が楽しいと感じたことに人間も参加するように、声や態度で要求したりもするようになります。

また、人間の行動にも興味をもって、のぞきにきたりします。たとえば、パソコンのキーボードをたたいていると、その上を走って、結果、意味不明な文字列がモニターに表示されてしまったり。指がキーを打つのを「遊び」と感じ、同じように、キーボードの端をクチバシでコンコンコンコンとたたいてみる鳥もいて、それが本人（本鳥）にとっておもしろい「遊び」になると、もう止まらなくなったりもします。

もともと群れで暮らすインコは、人間の家庭にやってきてそこになじんだときから、人間とインコの「混合群《こんごうぐん》」の一員と感じるようになるので、群れの仲間と同じ行動をするのは、インコにとって自然なことでもあります。

人間が食べているものに興味をもつのも、その延長です。同じ群れの一員である人間が食べているものなら毒ではない。毒でないものは、自分も食べられる。おいしそうに食べている人間がうらやましい。その結果、「自分もそれが食べたい！」と思います。

残念ながら、ほとんどの場合、「これは人間の食べものだからダメ」と拒否されます。でもインコは、ダメといわれた意味がわからず、不満をつのらせることもしばしば。その場は引き下がるものの、あとでこっそり食べてみようと内心で思っていることもあります。

インコにとって「群れ」はもともと、生き延びる確率を増やすための存在でした。それは何千万年もの時間をかけてとても深く刻まれているので、人間と暮らしはじめてもずっと心に残り続けます。しかし、それがあるからこそ、インコが人間となじみやすくなるのも事実。ほかに群れをつくれる鳥がいなければ、とりあえず人間や同居するほかの動物も含めた異種混合の群れでもいいかと妥協するインコも多いのです。

人間のこと、どう思っている？

野生と飼育下でインコが大きく変わることがもうひとつあります。それは、「好き」の幅が広がること。野生のインコが関心をもつのは同種の異性だけで、異種を好きになったり、つがいの相手に選ぶようなことは基本的にありません。

それが、人間と暮らしはじめ、人間との生活に慣れると、人間に対して強い愛情を抱くインコもでてきます。しかもそれは、ほぼ終生続きます。オスが人間をパートナーと認識したり、メスが人間相手に発情して卵を産んでしまうこともよくあることです。

人間と暮らすインコが人間に対してもつ意識は、大きく分けると、だいたい次のようになります。

（1）人間が怖い、嫌い。いますぐ逃げたい

（2）人間は好きではない。けれど、同じ家で生きることは、なんとか受け入れた
（3）人間を自分を大事にしてくれる存在と認識。ただし、「好き」という感情はない
（4）人間を自分を大事にしてくれる存在と認識。ほかに「好き」な相手も見つからないので、暫定的に仲よしを装う
（5）人間を信頼し、仲間意識をもつ。好きという感覚ももつ
（6）人間を自分のパートナーと認識。独占したいと強く思う

成鳥から飼いはじめたケースでは、（1）から（4）のどこかになることが多く、ヒナや若鳥から育てた場合、一部が（1）や（2）になりますが、多くは（3）から（6）のどこかに落ち着きます。

暫定的にでも人間を好きになる（好きになろうとする）のは、もともと群れで生きるインコにとって「孤独」は不安を呼ぶものであることから、それを解消するための、ある意味、次善の策です。しかし、はじめは妥協だったはずなのに、いつのまにか本当に好きになったり、信頼するようになることも、もちろんあります。

ヒナの場合は、もっと切実。哺乳類もそうですが、インコなどのヒナも、生まれてしば

人間に対するインコの気持ち

らくは自身で体温を維持できず、自分でエサを食べることもできません。そのため、だれかの庇護を受けないと死んでしまうことを本能で悟っています。

もちろん、育てられている途中の幼いインコも、人間が異種であることは認識しています。それでも世話を放棄されては困るので、ひとまず、さまざまなことを心の中で保留、棚上げにしたまま成長していきます。こんなふうに心が柔軟であることも、生きるためのインコの方便です。

親離れの時期になり、ものごころがつくようになると、インコの心にも変化がでてきます。ほかに選択肢がない場合、とりあえずこの人間でもいいかと、パートナーと認識するようになるのも、育ててもらったインコには自然な流れです。

インコがさまざまなものを受け入れる「幅」は意外に広く、いちばんほしいものが手に入らないなら、二番目を選ぶ、ということもよくします。同種と結婚できないのなら、いちばん近くにいて、愛情を注げる異種でもかまわないと思ってしまうインコも少なくないのです。

またインコは、人間と出会ったときから、人間が自分たちと同じような方法でコミュニケーションしていることに気づいています。人間がたがいに声をかけあって、同意したり、協調したりしていて、さらには身振り手振りで意思や気持ちを強調したりしているのを見るにつれて、その認識はだんだんと強まっていきます。

鳥以外でこういうコミュニケーションをしている存在は、ほとんどいません。もちろんインコには、そうした事実は知るよしもありませんが、人間のやり方が自分たちに近いことは確信しています。確信と同時に、親近感が芽生えて、心に拡がっていきます。

自分に似ていると感じた相手に、人間は少なからぬ好意をもちます。インコも似た感覚から、人間のことを「好きになってもいい相手かもしれない」と思うようになります。

こうした心の変化が人間好きなインコをつくり、人間との深い心の交流を生み出すようになります。人間に恋してしまう心理は、こうした事実の支えがあってのことです。

声やしぐさでコミュニケーション

だれかに用事があるとき人間は、「ねぇ」とか、「すみません」とか、「おーい」などと声をかけます。インコも同じです。気づいてほしいとき、最初にするのは声を出すこと。その声を耳にしたほかの鳥は、声の調子、高さ、パターンから、状況や気持ちなど、多くのことを読み取ります。相手の声に「返事をください」というメッセージが含まれているのを察すると、声を返したりもします。

野生に生きる一般の鳥も同様で、「自分はここ」と気づきをうながすのも、ナワバリを主張するのも、基本的に声。さえずりが異性への自己アピールであったり、ナワバリの主張であったりすることは、よく知られたとおりです。野生では同種の鳥が広い範囲に散らばっていたり、ジャングルや森の樹に阻まれて、お互いが見えないこともしばしば。そのため、「声」によるやりとりがとても重要になるのです。

ちなみに、ひらけた土地に暮らすインコやオウムに比べて、熱帯のジャングルに暮らすインコやオウムのほうが声が大きい傾向があります。それは、大きな声でないとまわりの騒音にかき消されて、だれにも気づいてもらえない可能性が高いためです。また、発する声の周波数も、木々の葉に反射して、遠くまで響くような領域が選ばれているようです。

このほか鳥には、危険を察したときに出す「警戒音」という声があります。人間の悲鳴のようなキーの高い音で、その声を耳にした鳥は、同種・異種に関係なく、声を出した主が危機的な状況にあるか、危険な相手を見つけたかのどちらかであることを知ります。そしてその声は、鳥の脳の中で「逃げろ」という本能の声に変換され、聞いた鳥は高確率で、瞬間的に声とは反対方向に飛び去っていきます。

このように、鳥にとって「声」は、きわめて重要な情報伝達の手段となっています。そして、「声」をちゃんと受け止められることもまた、鳥にとってはとても大事になります。

近寄るなどして姿が見えるようになったり、最初から見える場所にいた相手については、表情や動作などから、声からはわからなかった、さらに多くのことを読み取ります。逆になにかを伝えたい鳥は、相手に向かって声に動作やしぐさを合わせたサインで、気持ちや状況を伝えようとします。

鳥のコミュニケーションにおいて、より重要なのは受け取り側のほうで、相手の意向や感情がちゃんと読み取れないと、コミュニケーションがうまくいかなくなることも多々あります。

鳥は痛みや苦しさを本能的に隠そうとします。野生では弱っているものほど敵に狙われやすくなるため、それを避ける手段として遺伝子にすりこまれているからです。痛みやつらさを隠そうとする本能は、人間と暮らすインコなどの中にも残り続けます。

一方で、楽しいこと、うれしいこと、腹立たしいことなど、喜怒哀楽の大部分を鳥は隠すことができません。

喜びや怒りは、そのほぼすべてが態度に出ます。目はあらゆる感情や、しようと思っていることなどを雄弁に語りますし、オウムの仲間では、冠羽の動きにもさまざまな感情が現れてきます。鳥は表情をつくる筋肉があまりないので、複雑な表情はつくれませんが、目やクチバシの開きぐあい、全身から滲《にじ》み出す雰囲気などから、その鳥がどんな気持ちでいるのか、まわりの鳥は簡単に読み取ることができます。

また、心の状態は、なにげないしぐさにも現れるため、関心ある鳥どうしは、そんなところにも目をやって、たがいの心や気持ちを読み合って暮らしています。

読み取ったうえで無視することもありますが、こうした無言のやりとりも、声のやりとりと同じくらい重要なもの。毎日、おたがいの姿が目に入る家庭内では、声と表情と動作を合せた伝達とその読み取りが、重要な「インコ・コミュニケーション」です。

インコとの暮らしに慣れてくると、鳥たちと同じように人間も、インコの態度や表情から、うれしいとか、苦しいとか、怒っているとか、暑さ寒さも含めて、どんな気持ちでいるのか察することができるようになります。変な先入観をもたずに、同じような態度の人間をイメージしてインコの心理を想像すると、それはだいたい正解となります。

人間の子どもがうれしさを隠しきれずについ躍ってしまうように、インコもうれしいと全身で喜びを表現します。人間もインコも、怒っていると声が大きくなります。目に怒りが宿ります。要求がなかなか満たされないとだんだん腹が立ち、いらだってくるのも同じです。

こうした近い例がたくさん挙げられるのは、インコと人間の心の基本にとても近い部分があるためです。インコと暮らしている多くの人が、かなり早い段階でそれに気づき、人間とインコが似ていることをうれしく思うようになります。そして、それにともなって愛情も深まっていきます。インコとの暮らしをやめられなくなる心理は、こういうところにもあるのだと感じます。

一方、インコの側にも同じようなことが起こります。人間どうしが、自分たちやほかの鳥と同じような方法でコミュニケーションしていることに気づき、人間の態度や声から、その状態や気持ちを察することが意外に簡単であることにインコも気づいていきます。

インコ自身、自分の直感で、人間の意図などを察することができて、それがかなりの確率で当たることを知ります。自分たちのやりかたそのままで人間に気持ちや要求を伝えることが可能であることに気づくと、「自分たちとはちがう生き物」だと思っていた人間とのあいだにあった垣根は、簡単に乗り越えられるほどに低くなっていきます。

こんなに似ている、インコと人間

ここまでふれてきたように、かたや哺乳類、かたや恐竜の子孫の鳥類であるにもかかわらず、インコと人間の心やコミュニケーションのしかたには、よく似ている部分があります。だからこそ人間はインコに対して深い愛情を感じますし、単に馴《な》れるという以上に、人間のことが大好きになってしまうインコもいるわけです。

近い心をもつようになった最大の理由は、インコと人間の祖先が似たような環境で、似たような進化をしてきたことにあるようです。それに、もともともっていた資質が加わって、コミュニケーションのしかたも近いかたちに進化したと考えることができます。

鳥は樹上で進化したことがわかっています。つばさとクチバシを得て小型化、軽量化した恐竜が、樹上で暮らすうちに空を飛ぶ生活にも慣れ、しだいに鳥らしくなっていった。さまざまな鳥が生まれ、分化していくなか、インコやオウムが誕生した。そんな流れです。

鳥の祖先は肉食恐竜でしたが、からだの小さな鳥に進化すると、かつての同胞から命を狙われる立場になりました。その結果、慎重で臆病な生き物へと変化せざるをえませんでした。そんな経緯もあって、生活するのも寝るのも樹の上になったわけです。

前足はつばさに変化したので、もう幹や枝をつかむことはできません。枝をしっかりつかむのは足の指です。そのため、足の指には「すべりどめ」として機能する「しわ」ができました。インコの足の裏には連続するしわ「掌紋《しょうもん》」がありますが、それは樹上で休むときもしっかり枝をにぎって滑り落ちないための進化でした。

人間やチンパンジー、ゴリラのなどの霊長類の祖先も、遠い昔に樹の上に生活空間を移し、そこで進化しました。誕生したときから弱い生物だったので、肉食獣などの敵から逃れるために樹上に上がったという説が有力です。

私たち人間の手のひらにも「しわ」があり、「手相」をかたちづくっています。いまは痕跡程度ですが、足の裏にも掌紋があります。それらも、もともとはすべりどめとして生まれたものでした。いまでも樹の上で生活しているサルの手足にある掌紋は深くて、樹の上をスムーズに移動したり、片手や片足でぶらさがったりすることができます。

人間の目がフルカラーを見られるように変化したのも、樹上生活があればこそ。鳥たちと同じように、昼の世界に生き、目で多くを判断しなくてはならなくなったからです。祖先は樹上で、目で見て、声を交わしあう生活をしていました。

人間が言葉を得て、言語によるコミュニケーションをスタートさせたのは、地上に降り、そこでさらなる進化をはじめてからですが、言葉を得る以前に人類は、音程のある音に未熟な言葉の断片を乗せるように口から発していて、それが仲間に情報を伝える手段のひとつになっていたと考えられています。

それはある意味、さえずる鳥の「さえずり」にも近いものだったはずと、この分野の研究者は言います。また、自然にからだが動いてしまうような「踊り」も、喜びを感じた心

インコ
人間
樹上での進化
手や足のシワ
足のシワ
手のシワ
声や言葉での
コミュニケーション
ぼくも
だーい
すき!!
ピュロロ
ピュロロ…
ピヨちゃん
だいすきよ

がつくる身体表現だったのはたしかです。

つまり、チンパンジーと分かれ、「ヒト」としての進化の階段を上りはじめたころに人類がしていたのは、躍ってさえずるいまの小鳥にも似たことだったということになります。そうした事実を知ると、人間と鳥が近いことが実感としてわかってくることでしょう。

鳥の中でも特に進化したグループに属し、高度な頭脳をもつインコやオウムと人間との近さは、いうまでもありません。同じ哺乳類のイヌやネコよりも似ているがゆえに、共感も進みます。インコにとっても人間は、どんな哺乳類よりも理解しやすい相手でした。

飼い主さん、見られていますよ

インコと暮らしていると、意外に注意深く人間を観察していることに驚かされることがあります。家族はもちろん、飼い主の友人など、ときどき訪問する人もちゃんと認識していますし、初めての人もそうとわかります。過去に見たことのある人を、複数の特徴をとらえて、しっかりと記憶しているからです。

カラスが人間の顔をおぼえていて、悪さをした人にしかえしをする話などがときどきニュースにあがったりもしますが、インコの記憶力もそれに負けない高さです。

また、たとえば、外出しようとしているとき、インコは着替えた飼い主がどんな服装をしていて、どんなバッグをもっているのかなど、細かいところをよく見ています。見れば、それまでの経験から、どのくらいの時間で戻ってくるのか予想することができるからです。

軽装なら、「すぐに戻るだろう」と判断します。30分、1時間、うたた寝しているうちに帰ってくるようなら、あまり気にもとめません。でも、大きなバッグをもち、ふだん見たことのないかっこうをしていると、「もしかしたら、帰りが遅くなるのかな？」と考えます。帰ってくるのは、もしかして夜おそく？　明日？　そんな思いが浮かんだインコは、「どこにいくの？」と、いわんばかりに大きな声を投げかけてきたりします。

帰宅が遅くなって遊んでもらえる時間がずれたり減ったりするのは、イヤ。不本意。そんな気持ちから、未来を予測したうえで、声をかけたりするのです。

ほかにも、人間が料理をはじめたら、まもなく食事の時間になることを知ります。自分のことをほとんど見ることもなく、足早に部屋の中を動いているときは、「忙しいのかな

（＝遊んでもらえる時間はないのかな？）」など考えながら見つめていたりもします。

　まだなじみが薄い人間のことをインコがじっくり観察するのは、その人間がどんな人間で、自分にとってどんな存在になるのか見きわめたい、という心理が働くためです。じっくり見て、いろいろふれあいもしてみて、「この人が好き」と思ったなら、自分がいちばん大事に思っている人物がいないときの（代理の）遊び相手になるかもしれません。もちろん、人間観察には、その人が安心できる相手かどうか、危険な相手でないかどうかを見きわめておきたいという心理もあります。そういう心理は、本能的なものです。

　愛情をもっている相手をじっくり観察するのは、かまってほしい心の裏返し。暇そうだったり、遊んでくれそうな素振りが見えたら、「いますぐケージから出して。遊んで！」と伝えようとインコは考えます。同時に、よく観察することで、その人間の気分や体調なども見えてきます。過去の経験から、機嫌がよさそうなときはたくさん遊んでくれると学習しているインコの場合、五感を駆使して、その人間の機嫌や体調を知ろうとします。

　また、インコは見るだけでなく、耳から入ってくる情報も合わせて、頭の中で人物のデータベースをつくり、のちの状況判断に役立てています。たとえば、人間を観察するとき、インコは次のようなことを意識して目や耳を働かせています。

◎人間の識別

身長、顔の形、顔色、髪形、メガネのありなし、服装、歩き方、歩くときの音、話し方、話す声の高さ・声質、飼い主と関係、自分への関心、自分となにをしたか、イヤなことはされなかったか、など。

何度か見て、その声も聞けば、人物の特徴は十分につかめるので、次に見えない場所にいたとしても、インコは声だけでその人物がそこにいることを把握することができます。

インコは音楽がお好き？

幼児期に読んだ絵本などの影響もあってのことだと思いますが、鳥はみな音楽好き、と思い込んでいる人も少なくないようです。でもそれは、人間がつくりあげた思い込み、誤解です。

ブンチョウにクラシック音楽と現代音楽を聴かせて、どちらをいい思うか（どっちがイヤだと思うか）調べる心理学的な実験もかつて行われていて、ブンチョウはクラシック音楽のほうを好むという報告もされました。

でも、それは比較の問題で、ブンチョウは「クラシック音楽が大好き」ということではありません。ブンチョウは、「どちらかといえば、不協和音が連なるような音楽はあまり好きにならない」と考えてください。いずれにしても実験は、鳥が音楽自体が好きかどうかを問うものではありませんでした。

多くのインコにとって、好意をもっている人間が、自分に向かって歌をうたったり、口笛を聞かせてくれるのは、とてもうれしいことです。意識が自分に向かっていることがはっきりと感じられるからです。そのとき、インコは心地よい感情にひたっています。

さまざまなうれしいことがあるなか、そのインコにとって「音楽にふれること」が「うれしいこと」と結びつくとき、また無意識に「楽しい」と感じられたとき、インコはそれを自身の中の「好き」カテゴリーの内に受け入れます。

ですので、音楽に関しては、「うれしい」「楽しい」から「好き」と感じたインコが関心をもつようになり、興味をおぼえなかったインコは無関心になると考えてください。なお、なかには人間の言葉を話すことを重視するあまり、音楽的なことにはほとんど関心を向けないインコもいる、ということも追記しておきましょう。

好きな音楽を聴いて、自然にからだが動いたり、リズムを取ったりすることが人間にはあります。音楽を聴いて、躍るようにからだを動かすなど、インコも似たような行動をすることがあります。また、あとからなにかを思い出したように、足でステップを踏んでみたり、クチバシでなにかをたたいて音を出すノッキングをすることもあります。自然にそういうことをしてしまうインコは、ある意味、「音楽好き」といえるのかもしれません。

口笛もノッキングも、おしゃべりと同様、インコ自身が楽しいからやるものです。もしくは、それを見た人間がよろこぶ姿を見て、自分も楽しくなったり、うれしくなったりするのでやるようになることです。つまるところ、そこでも、「愉しみ」ということが大きなウエイトをもっていると考えることができます。

遊びは賢さのバロメーター

野生で鳥が遊ばないのは、多くの鳥は、エサを探すことや危険を察知して逃げるのに忙しくて、そんなことをしている余裕がないためです。

ただし、ある程度からだが大きくて、敵が少なく、頭がよいためエサも上手に見つけて確保できるうえ、まさかに備えた貯食もしていて、おかげで一日の中に自由になる時間をたくさんもてる鳥なら、野生でも「遊ぶ」ことが可能です。

身近にいますよね、そんな鳥。そう。カラスです。

発達した頭脳という点で、大型のインコと双璧をほこる鳥、カラス。好奇心の強さも天下一品で、それもあいまって「遊びの天才」となっています。人間の子どもをまねて滑り台をすべる映像や、電線に逆さまにぶら下がっておもしろがる映像など、インターネットをちょっとまわるだけで、カラスの遊び動画をたくさん見つけることができます。

人間と暮らしはじめたインコは、野のカラスと同じレベルの「遊び好き」に変貌します。

もともと「遊び好きの心」や「好奇心」はもっていたものの、さまざまな制約のある野生では、表に出てきづらかった資質も、平和で安全な環境では溢《あふ》れるように出てきます。人間の家でインコは、余裕をもって遊ぶことができます。好奇心も満たしほうだいです。

その結果、インコはなんでもおもちゃにしてしまい、ひとりではできない遊びに人間を誘ったり、人間をおもちゃにして遊んだりもするようになります。もちろん、自分の遊びに人間を加えようとするのも、そうすると楽しいからにほかなりません。

「遊ぶことができる」、「さまざまなものをおもちゃにしてしまえる」、「遊びを自分で開発できる」というのは、ある程度発達した脳がないとできないこと。インコやオウムには、それだけの脳があることを、彼らは行動で示しています。

インコにとって遊びはまず「楽しいもの」であり、同時に好奇心を満たすものでもありますが、飼い主を巻き込んだ遊びは、遊びを通して気持ちと時間を共有する大事なコミュニケーション手段でもあります。ともに暮らす人間としても、インコがどんなものに興味をもってどんな反応をしているのか見ることで、性格などを把握して今後に生かす材料にすることができます。

インコが肩や頭に乗る理由

馴れて、いっしょに暮らす人間が大好きになったインコには、いつもその人のそばにいたいという欲求が生まれてきます。姿を見ると飛んできて、うるさいくらいにまとわりついたり、果てはトイレの外で出てくるまで待っていたりもします。なかには、「早く出てきて！」とか「中に入れて！」と、中の人間に向かって大声で呼びかけるインコもいて、落ち着いてトイレにも入っていられないと嘆く飼い主もいるほどです。そのインコにとって、飼い主のそばこそが世界でいちばん安心できる場所ということなのでしょう。

そんなレベルにまで馴れたインコは、依存心も強まって、とても甘えるようになり、頭や肩、腕の上はもちろん、足もとをうろうろ歩くことも増えてきます。この人は自分を傷つけたりしない、という絶対の確信からそんなふるまいになるわけですが、逆にその確信や信頼があだになってしまうこともあります。

追いかけて飛んできたことを知らずにドアを閉めようとしたらそこにいたとか、座ろう

としたら下にいたなど、人間に対する不信や野性の慎重さが少しでも残っていれば絶対に起こらない事故も起こってきます。せめてそのとき、肩や頭の上にいてくれたらと、悔やむ飼い主も少なくありません。

　もともと鳥は、少し高い場所で安心する生き物。一部のネコ科の動物を除き、鳥を捕食する側の哺乳類は、高いところにはあまり上がってこられないので、床から遠い場所が落ち着きます。そこが見はらしのいいところなら、さらに安心です。

　インコが人間の頭や肩に止まりたがる理由のひとつがこれです。どこかから飛んできたり、飛び降りた際、降りやすい場所でもあります。また、好きな相手の肩に止まることで、口元に耳を寄せて自分に向かってなにか話しかけてくれるのを待つ、ということもできます。くちびるを甘噛みして話すことをうながしたりもできますし、自身の頭を人間のほほにコツンと寄せて、なでてほしいとアピールすることもできます。その人の目をのぞき込んで、いま、どんな感情をもっているのか確かめることもできます。見晴らしのよい頭の上もよいのですが、インコにとって肩は、もっとも「絶妙」な、とてもいい場所なのです。

その人間が何か作業をしているようなら、肩から腕を伝って手許《てもと》まで行くのも簡単です。それがおもしろいと感じたインコは、手許でなにかいたずらしたり、手と並ぶようにして、作業のまねをしたりします。興味はあるものの、手にする道具が怖いと感じたときは、肩に戻って、その人の視線と同じ高さで作業を見守る選択もありです。

一方、その人間は嫌いではないものの、まだあまりなじんでいなかったり、どんな人間なのか見きわめたいけれど怖いと感じていたり、手でふれられることが怖かったりイヤだったりするインコにとっても、人間の肩や頭は絶好のポイント。

もしもその人間がつかまえようと手を伸ばしてきたとしても、いち早く察して飛んで逃げることができます。頭の上や肩の上は、リスクを回避しつつ、目的を追える場所でもあるということです。

意外とシビアな「好き」ランキング

野生のインコの多くは群れをつくり、その中で生活しています。人間と暮らしていても、群れ的なものに所属して安心感を得たいと本能的に感じます。哺乳類の中にも群れをつくる動物がいますが、鳥類の群れと哺乳類の群れや集団には、大きなちがいもあります。

鳥の群れはゆるく、適当にメンバーが入れ代わっても、だれも気にしません。そもそも群れの参加者がだれなのか、実質的に把握もしていません。近い大きさの他種の鳥が混じっても、まったく気になりません。群れの行動を決めるような順位一位の鳥も存在しない、リーダーなき集団です。そのため、地域内での移動も、状況に合せてフレキシブル。多くの点で、哺乳類の群れとはちがっています。

人間と暮らすようになっても基本は同じで、自分に危害を加えない存在なら、家庭という小さな群れの中に、他種の鳥、人間やイヌやネコなどが混じっても気にしません。好きな人間には関心をもつものの、それ以外の人間や動物には、無関心でいます。

ただ、そんな家庭内の群れのメンバーにも、強い・弱いはあります。インコは自己というものをはっきり認識していて、ある鳥が自分より上か下かを把握しています。とはいえ、下位と認識する相手を組み伏せてしたがわせるような意識も、インコにはありません。

することといえば、なにかおいしいものを好きな人間からもらえそうになったとき、自分より先にそれを食べに行くなと蹴散らすくらいでしょうか。あとは、「こいつが気に入らない。こいつより不利になりたくない」と思ったインコが、相手にちょっとしたケンカをしかける。その結果、逃げた方が下位になる――。せいぜい、そのくらいでしょう。

徹底的に嫌い、というほど相手を嫌ったりもしないので、争うインコのあいだにも、心理的なしこりはあまり残りません。

集団でいるインコの中の上下関係は、それぞれのインコの「心の中」にあるもので、まわりのだれもが同じように認識しているようなものではありません。また、絶対のものでもなく、まわりの鳥たちのバランスの中で変化もしていきます。上下の順番を意識はしていても、あまりこだわらないインコもいます。争いそのものを極端に嫌うインコもいます。

それでも、まわりのインコのどっちが上だろうと下だろうと気にもしないことがほとんどとはいえ、好きな人間のいちばんの寵愛《ちょうあい》を得たいがために、ほかのインコよりも上にいたいと考えるインコは少なくないようです。

余談になりますが、人間に馴れているインコの多くは、好ましく感じる人間と関心のない人間を心の中で分けていて、さらに好ましい人間の中で、ある人とある人ではどちらが「より好き」というランクもつくっています。

いちばん好きな相手がいるときはその人にべったりとくっついてすごしますが、不在のときは、二番目に好きな相手と親密な時間をすごしたりもします。二番目もいないときは、三番目の相手とすごしたりもします。でも、いちばん好きな人間が目の前に現れると、それまでかまってもらっていた二番目、三番目の人間を空気のように無視して、その人に向かって一直線に飛んでいくのもインコです。

話すインコ、話さないインコ

「インコは人間の言葉を話せる生き物」と信じている人も多そうです。でも、実は、インコやオウムの大多数は人間の言葉を話しません。話すのはオスだけでメスは無口という種もいますし、その種の多くが話すなか、「話す」ということに無関心な鳥もいます。

由来を五章で解説していますが、「おうむ返し」という言葉ができたのは今から千年も昔のこと。そのため、平安時代以降、オウムやインコを見たことがないにもかかわらず「おうむ返し」という言葉を知っている人がかなりいました。「インコ＝話す」という図式が日本人の心の中に強く定着してしまったのには、こんな理由もあるようです。

身近でよく話すインコといえばセキセイインコで、大型ではヨウムなどもよく話します。しかし、オカメインコやコザクラインコ、ボタンインコなどはあまりおしゃべりが得意ではありませんし、日本でよく見かけるこのほかのインコのなかにも、まったくしゃべらない種も多数います。

人間に馴れているインコの多くは、その言葉に耳を傾け、音の響きとともに、それが意味することを理解しようとします。自身の喉から声を発することがなくても、言葉そのものは、しっかり記憶しているインコも多くいます。どんな意味をもつことを人間が言っているのか理解できると、その家で生きやすくなり、いろいろと有利になるからです。たとえば、ほとんど人間の言葉を口にすることないオカメインコのメスでも、人間が言っていることの意味はよく理解していると、ともに生活して実感しています。

　インコは、鳴管と気道と舌と、鼻に抜ける空気の量の組み合わせで、人間の話す言葉に近い音を発しています。インコやオウムは、世界のさまざまな土地に分布していて、食性もそれぞれちがっています。そのため、舌の形もさまざまで、舌を動かす筋肉の量も、種によって大きなばらつきがあります。口や喉の構造の問題から、話すのが苦手な種もいれば、自在に話せる種もいるということです。

話す種の中でも、人間の言葉を話そうという意思をもつのはオスが多くなります。鳥のオスには、配偶者を得るために、メスに対してさまざまなかたちで自己アピールする習性があり、人間の家の中では、人間の言葉が話せることが人間に対しても、同種のメスに対しても、自分をよく見せる、いいアピールポイントになります。

インコが言葉を話せるようになるのは、まずそのための身体的な資質があること。そして、「話したいという意思」をもっていること。この二点によります。

話したいという意思をつくるのは、インコ自身にある、「話すことが楽しい」という気持ちで、次に、「言葉を話すと、好きな飼い主やそのまわりの人たちが喜んでくれて、それで自分もうれしくなる」という状況です。楽しい、うれしいが、言葉をおぼえるモチベーションになるのは、私たちともよく似ています。たくさんほめると、調子にのって張り切るのがインコ。インコに何かを教える際も、「ほめて伸ばす」が基本となっています。

しかし、どんなに教えても絶対に言葉をおぼえられないインコもいますし、おぼえる意思のないインコもいます。それは知っておいてほしいことです。

その気がないのに無理矢理教え続けられることは、インコにとっては大きなストレスで、その状況が長く続くと、心の病を発症してしまうこともあるのです。

言葉をおぼえたいインコが、人間に話すことを要求する「サイン」があります。

話ができるようになってほしい人間と、話したいインコ。うまくマッチングが取れることが、インコの幸福につながっていきますので、そうしたサインの見つけ方や人間が応じる方法などについて、四章で少しくわしく解説してみることにしましょう。

第三章

インコの気持ちを知りたい！

インコの「美学」、知っていますか

鮮やかな服装。ばつぐんのスタイル。整った顔。澄んだ歌声。キレのあるダンス。そんなものを目や耳にして、おもわず見とれてしまったり、ドキッとしたりすることもあるでしょう。それが自分の好みなら、なおさらです。

インコたち鳥もそうです。人間と同じように「美」を感じられる心をもっています。鳥が色鮮やかな羽毛をもつように進化したのは、「きれいであることを『よい』と評価する心」をもっていたからです。さえずる鳴禽が、複雑で美しい音色をもつように「さえずり」を進化させてきたのも、それを「美しい」、「すてき」と感じられる心をもっていたことが大きく影響していました。

心ひかれる羽毛の色やかたち、声（さえずり）、ダンスなどのパフォーマンス。そうしたものが、鳥たちの伴侶選びで大きなウエイトを占めてきました。つまり、よりステキと思える羽毛の色や柄、声などが選ばれた結果が、いまの鳥たちの姿なのです。

それは、言うなれば「美学」。

哺乳類とはちがった「好み」が、鳥の進化や分化をうながしました。

身近な鳥のひとつであるジュウシマツのメスは、より複雑な歌をうたえるオスを好みます。赤道付近のジャングルに暮らすニワシドリ（庭師鳥）のメスは、オスが木の枝や色のあるさまざまな素材を使ってつくった、結婚アピールのための「庭」や「家」を見て、美的に満足できる作品を完成させることのできたオスを選びます。

一方、哺乳類の選択は、いたってシンプル。多くの哺乳類のオスの目には、からだが大きく、健康そうなメスが、「よい相手」と判断されます。

メスにしても、からだが大きく健康そうなオスを見て、「彼となら、生まれてくる子どもが生き延びられる確率も、きっと高まるはず」と、無意識に判断します。そこに、芸術的な「美」など入り込む余地はありません。哺乳類は、基本的にリアリストなのです。

なので、せっかく自在に飛べるつばさをもっているのに、わざわざ飛びにくくなるような巨大な飾り羽をまとっているクジャクなどは、哺乳類の目には、「ありえない姿」に映ります。まして、どこからも目立つ色鮮やかな羽毛など、狂気の沙汰としか思えません。

敵に見つかりやすく、逃げにくいからだに進化することは、哺乳類がもつ価値観からすれば、本当に「問題外」なのです。

しかし、人間だけは別。美人がもてはやされ、流行の服装を提案するファッションリーダーの言葉に耳を傾ける。美術や音楽や舞台に価値を見いだして、美術館やコンサート会場、劇場にも足を運ぶ。きれいに整えられた庭を鑑賞する。そんな人間には、美しいけれど実用的とはいえない飾り羽をもつようにわざわざ進化してきた鳥の心が理解できます。

敵におそわれて死ぬ確率が跳ね上がったとしても、自分の美しさを見せ、伴侶に選んでもらって、自身の遺伝子を残したいというオスの気持ちがわかります。

私のために、こんなにステキな歌をさえずってくれたあなた、すてきな衣裳ですてきなダンスパフォーマンスを見せてくれたあなたとなら結婚してもいいわ、と思うメスの気持ちも、わかりすぎるほどわかってしまいます。

「美しいもの」「芸術的なもの」に価値を見いだす心は、鳥らしさ、人間らしさを生む源のひとつになっています。進化上の近さが人間と鳥の心の近さを生んだことを二章でも解説してきましたが、こんなところにも大きな共通点がありました。

もちろん、インコにも美意識や美的な好みが存在します。そしてそれが、一羽一羽ちがう個性をかたちづくる大きな要素となっています。

「好き」と「嫌い」がインコをつくる

なにかをしたり、だれかと出会ったり、出来事にふりまわされたり。そんな経験が、もともともっている心の資質とむすびついて、人間の性格や好みをつくります。

インコの性格や好みがつくられる過程も、これととても近いものがあります。なかでも、「初めてのこと」がたくさんある幼い人間の子どもの心と、若いインコの心の成長のあいだには、多くの共通点を見つけることができます。

たまたまふれたものが好きになったり。そこから興味の輪が広がっていったり。イヤなことをした相手が嫌いになったり。いつも怒っている人は苦手と感じたりします。

おとなに比べてシンプルな子どもの心の中では、「好き」か「嫌い」かで世界が分類されていきます。たとえばこんなふうに感じて、好き・嫌いが少しずつ固まっていきます。

○これはきれい　↓好き
○この人は怖い、この動物は怖い　↓嫌い
○この歌はおもしろい　↓好き
○これはおいしくない　↓嫌い
○いつもなでてくれる　↓好き

子どもの成長過程で起こることが、インコの心の中でも起こっていると考えてください。そして、ふれたこと、経験したことが好みに反映されて、少しずつインコの人格（鳥格）がつくられていきます。その、いちばんの判断基準が、「好き」か「嫌い」かです。

また、その際は、臆病なインコよりも好奇心が強いインコのほうが、さまざまなものや出来事にふれる機会が増えて、好きも嫌いも加速度的に増えていきます。その結果、ものごころがつくころには、さまざまな好みがはっきりした、メリハリのある性格のインコになります。好奇心が強いインコのほうが成長が速いといわれるゆえんが、ここにあります。

2回目の出会いでは、最初の出会いでつくられた判断が基準になります。似たような相手は苦手と感じて、第一印象として「この人は嫌いかもしれない」という目で見たり、「あれはおいしかったから、似ているこれもおいしいにちがいない」と感じながら食べてみたりすることになります。

なお、インコには、生まれたときから個性にかなりの幅があって、同じ親から生まれたインコでも、それぞれがちがう好みをもち、ちがう判断をします。

仮に、そっくりな性格で生まれてくることがあったとしても、別の人間のもとで育てられると、それぞれ大きく異なった経験をすることになり、その結果、大きく性格のちがう鳥に成長することになります。

インコにも喜怒哀楽はある？

インコにも喜怒哀楽はあるの？　よく聞かれる質問です。

結論を先に言うと、「好き・嫌い」といった好みとともに、インコにも豊かな感情があります。そしてインコは、心にわき上がった喜びや怒りを隠すことができません。そうした感情は、目や顔つきや態度に、自然に出てきてしまいます。

イヌやネコ、カラスなどを見てもわかるように、動物たちにも複雑な感情があり、それを伝える力があることは、いまや常識となっています。ほんの少し前まで、豊かな感情をもつのも、高度な頭脳をもつのも「人間だけ」と信じられていました。でも、それは大きなまちがいでした。

すべての動物の心は「脳」に宿ります。感情も脳がつくります。

魚も鳥も人間も、同じ祖先（原始的な脊椎《せきつい》動物）から生まれました。共通する祖先がもっていた脳を、進化の過程で発達させてきたのがいまの私たちです。

そのため、進化の枝を分かれて生まれたすべての動物の脳には、同じような働きをする部分が存在しています。たとえば、記憶と深くかかわる「海馬《かいば》」という器官、あるいはそれに類する器官を、魚も鳥も人間も脳の中にもっています。

鳥の顔には表情をつくる筋肉があまりないため、人間のような表情で微妙な感情を表現することはできません。そのため、鳥には感情がないとずっと思われてきました。でも、実際はそうではありませんでした。見ようとしなかった人間の目には、それが見えていなかっただけだったのです。

インコなど鳥たちは、目と口を中心とした顔の表情に、全身によるしぐさ、声を合わせて、さまざまな感情を表現します。オウムの仲間では、冠羽にも微妙な感情が表れて、まわりにいるインコやオウムはそれを見て、相手の気持ちや意向を知ることができます。

鳥がもつ感情として、もっともひんぱんに表現されるのは怒りです。怒りは、だれかから攻撃されて痛みを感じたり、不満がつのったときなどに感じるものですが、ほんのささいなことでも生まれてきます。

インコも含めた動物が感じる不安は、「死の危険」と直結した感情です。このままでは殺されるかもしれない、という思いが不安な気持ちをつくります。

できるだけ不安な気持ちにはなりたくないと、小さな鳥は心の深部で思っています。そんな気持ちをもった鳥たちが安心を得たいがために集まるのが「群れ」なのです。

インコの感情はどこを見ればわかる?

どんな感情が、インコのからだのどこに、どのように表れるのか紹介しましょう。

◎怒り

怒りが特に強く表れるのは、目とクチバシです。

怒りを感じたインコは、クチバシを大きく開けて、前へと突き出します。同時に、つり上がった目でにらみます。このとき目に宿る怒りは、ほかの動物にも確実に伝わります。このほか、怒りの表現として、地団駄《じだんだ》を踏むように足をダンと踏み落とす鳥もいます。

怒りを感じるのは人間の場合とほぼ同じで、攻撃されたり、閉じ込められたり、理不尽と思える状況にさらされたときなどです。ただし、我慢の限界点と、感じる怒りのレベルはインコによってまちまちで、ほかのインコなら怒る状況を流してしまうインコもいます。

インコの怒りは、ちょっと不機嫌という軽いレベルのものから、あとさき考えずに相手にケンカを売ってしまうような「激怒」まで、何段階かに分かれます。本当はあまり怒っていないにもかかわらず、弱気と思われないために、とりあえず「怒っているふり」をすることもあります。

いずれにしても怒りの発火点は低く、多くのインコはささいなことでよく怒ります。長くいっしょに暮らしていると、怒りのレベルがどのくらいなのか、少しずつわかるように

怒り
僕のおもちゃとらないで!!
そっちこそとらないで!!
ふへ〜
心地よさ
喜び
サッ
サッ
不安と恐怖
大丈夫だよ〜
病院こわいっ!!
悲しみ

なります。

◎不安と恐怖

不安や恐怖は、怒りとともに、とても古い感情です。それは何億年も前の祖先から引き継いだ感情で、敵におそわれるなど、命が危機にさらされた状況と直結したものでした。

インコが恐怖に支配されているとき、表情は怒ったときと近い感じになります。ただしこれは、「怖い」と思っていることを相手に悟られないための精いっぱいの虚勢。

野生では、敵の前で怖がっている様子を見せると、弱っているか、攻撃しやすい弱い生き物と思われかねません。それは、自分をおそってくれと言っているようなものです。そのため、「怖がっていないふり」を全力で装うのです。

それでも、恐怖で、もうどうしようもなくなると、脱兎《だっと》のごとくそこから逃げ出します。鳥はもともと臆病な生き物ですが、その中でも筆頭クラスの臆病な種が、インコ・オウムの中に混じっているようです。

オウムの仲間の場合、恐怖や緊張があると、冠羽が大きく立ちます。冠羽があわただしく立ったりもどったりしているときは、不安か動揺があるとき。おだやかな気持ちのときは、ぺったりと寝ていますが、喜びの興奮時には、ゆっくり立ったりもどったりもします。

◎喜び、心地よさ

うれしくてその場でジャンプしてしまう幼児。「やったー!」と満面の笑みを浮かべてバンザイしたり、手をたたいて喜ぶ小学生。人間、なかでも子どもの場合はとくに、大きな喜びは全身で表現されます。

インコも同じです。うれしさのあまり、思わずからだが動いてしまうこともしばしば。歓喜の声も、ついつい出てしまいます。とまり木の上で伸び上がったり平たくなったりするような謎のダンスを披露することもあれば、大きく上下に首振りをするインコもいます。

おもしろいおもちゃを見つけた。遊びが楽しい。そんなときは、大きな声も出ます。その声を聞きつけて、ほかのインコがやってきて、遊びに加わることもあります。

ほんのりとうれしいとき、癒されるような心地よさを感じているとき、インコの顔はおだやかです。このとき、声は出ません。なでてもらって快楽にひたっているときのインコの顔が、温泉に浸かっているニホンザルとそっくりな表情に見えることもあります。

◎悲しさとさびしさ

インコにも、人間と同じような「悲しみ」があるかどうかはわかっていません。ただ、つがいの相手や大好きだった人間を失ったときに、大きな喪失感を感じるのはたしかです。

また、相手を失ってしまったことで、生活のリズムや仲間との関係が変化して、それによってさびしさにも似た気持ちを感じることはあると考えられます。

そんな状態のインコは、いつもよりも動作がにぶく、いつもなら楽しそうな声を上げるような場面でも、無口でいます。元気のなさから、病気かと思ってしまうこともあります。

わくわくしたり不安になったり

インコは、人間ほどの記憶の容量をもっていません。ですので、生きていくのに大事なことと、特別うれしかったり怖かったりするような「強い感情」が生じた出来事以外は、どんどん忘れていきます。それが自然です。

それでも、毎日決まって繰り返されることなど、「経験」は確実に蓄積されて、たしかな記憶となっていきます。そして、それをもとに未来を予測して、わくわくしたり、不安を感じたりするようになります。

よく馴れたインコにとって、ケージから出してもらい、遊んでもらえる時間は、一日の中でもっとも楽しい時間です。そのため、人間の行動を見て、なにをはじめたら出してもらえるのかなどを、しっかり学習しています。外の明るさ、聞こえてくる音などから、インコはおおよその時間も把握しているので、「そろそろかな?」などと思います。

たとえば、人間の食事が終われば放鳥時間になることを学習しているインコは、箸《はし》をもつ人間の様子をじっと観察。人間が立ち上がると、「出られる?」、「もういい?」と催促するような声を上げたりもします。

以前においしいものをもらえたインコは、その食べものが入っていたパッケージのこともよくおぼえています。同じものが目に入ると、期待が胸に膨らみます。そして、マンガのようなキラキラした目で、もってきた人を見つめたりもします。

インコが不安になるのは、たとえば、大好きな人間が、以前に出張などで長時間部屋を空けたときと同じか、それと似た服装や持ち物をもっているのを見たときなどです。

そんな姿を見たインコの脳には、好きな人が帰ってこない部屋で、ずっと待っていたときの退屈な気持ちや、そのとき感じていた不安などがよみがえり、また同じ気持ちで待つことが予感されて、前触れ的に不安がわき上がってきます。

以前にイヤなことをされた相手が部屋に現われたときも、インコの胸には不安が浮かびます。そのときインコが感じているのは、同じようなことが起こるかもしれないという予感と、相手に対してあらためてわき上がってきた怒りです。

繁殖シーズンに人を攻撃する街のカラスも、「またあいつが巣を壊しにきた！」など、経験がつくる未来予想と、先取りする感情から、そうした行動にいたっているのです。

インコが本当に望んでいること

「ちょっとした日々の変化はほしい。楽しみだから。でも、大きな変化はイヤ。ストレスになるから」

インコにかぎらず、人間と暮らしている鳥が思うのは、そんなことです。

自分でエサをさがす必要もなく、なにかから逃げる必要もない家庭での暮らしは、暇を持て余すことも多くなります。だったら寝てすごせばいいと思うインコがいる一方で、退屈が続くことがストレスになるインコもいます。

このタイプのストレスは、好奇心や遊び心の強いインコほど感じがちです。

こうしたインコにとって、毎日定期的につくられる放鳥の時間は、好きなところに行って好きなことができる、かっこうのリフレッシュタイム。ケージにセットされたおもちゃで遊んで発散することの、何倍もの気分転換になります。

インコにとってケージから出してもらえる時間は、イヌにとっての散歩タイムにも似たもの。好奇心のおもむくままに部屋中を探検してみたり、なにかをおもちゃがわりに遊んでみることは、楽しみであると同時に、インコの脳にとってもよい刺激になります。

こうした時間に人間と遊ぶことも、インコにとっては貴重なコミュニケーションです。家庭という小さな群れの「仲間」であることを心で実感して、安心と信頼を強めていきます。

こうした時間が今後も続くことを、人間に馴れたインコは願います。

成鳥になってから家にきたなど、人馴れしていないインコは、「こんなところにはいたくない」、「人間は怖い」という思いを長く胸にいだいています。その一方で、「それでも1羽でどこかに置かれるよりは、まだずっとまし」とも思っています。

先の章でも解説したように、インコたち鳥にとって「孤独」は、「死の危険」を予感させるもので、最強レベルの「不安」のもとになります。そのため、自分に危害を加えないのなら、ほかの動物も鳥も人間も、部屋にいてもいいと考えます。むしろそれは、同じ空間にいてくれてありがたいという気持ち、と言ったほうがいいかもしれません。

たとえ人間が嫌いでも、イヌという生き物が嫌いでも、この人間がいることで、このイヌがいることで、攻撃的なほかの動物がここに入ってきて、自分の命がおびやかされることがないのだと悟れば、まさかのための「保険」として、それを受け入れ、安堵《あんど》します。

そんなインコが、できれば避けてほしいと思っていることが、2つあります。それは、住環境が大きく変わることと、自分と自分が好きな人間との関係が変化してしまうこと。

結婚や転勤などで引っ越しが決まったり、結婚や出産などで家族が増えたり、減ったりすると、生活環境は大きく変化します。さらに、特定の人間との関係が変わってしまったり、人間の生活スタイルが変わることで、新しいリズムにからだをならす必要もでてきます。そうしたことは、インコにとって大きなストレスになります。

結婚にしても出産にしても、インコからすれば、安定していた暮らしの中に、意図しない第三者が急に現われたイメージです。ずっと1対1で向き合っていた時間が大幅に減るだけでなく、好きな人間の意識が自分以外に向いてしまうことも大きなショックです。可能なら、できる範囲で、以前どおりに接する努力をしてほしいとインコは願っています。

引っ越しや結婚が避けられないものであるなら、インコと暮らす人間がインコのためにできることは、家具やその配置など、できるだけもとの環境を引き継ぐこと。関係も時間のすごし方も、できるだけ以前のままに維持すること。それがインコの願いでもあります。

せっかくだからと、引っ越しと同時にインコが暮らすケージも新調しようとするのは、どうかやめてください。変えるとしたら、インコが新しい環境に適応してからです。

暮らす部屋が変わっても、自分が暮らす家（ケージ）や視界に入るものが以前と大きく変わらなければ、インコは少しずつそれを受け入れ、慣れていきます。

どんな人がイヤ？

ネコ好きなのにネコに嫌われる人がいます。鳥好きを公言しているにもかかわらず、インコに嫌われる人がいます。両者に共通するのは、「自分の好き」が強く出すぎていて、相手の気持ちが目に入っていないことです。

どんな動物もそうですが、初めて会う相手には緊張します。自分に対してどんな気持ちをもっていて、どんな行動を取る人間なのかわからないからよけいです。そのため、相手がどんな人物なのか知るための時間がほしいと強く願います。

人間の中にも、親しくなっていないのに、いきなり距離を詰めてくる人がいますよね。突然、友だちのような口調で話しかけたり、同じテーブルに座ろうとしたり。

そして、そういう人はかなりの確率で嫌われることになります。インコもそうです。

初めて見る人間を、インコは顔つきから話し方まで、じっくり観察します。過去に見たことのある人とも照合して、近い特徴を探します。ともに暮らす人間と、どんな関係なの

かも見きわめようとします。親しそうか、信用している感じが見えるかどうか、そんなところも見ます。

そして、その人物に興味を感じたり、以前に会って好印象をもった人間に近いと思ったら、少しだけ好意的な目でその人を見て、さらによく知るための一歩を踏み出します。

たとえば、飛んでいって、その人の肩や頭に止まってみれば、返ってくる反応で、ひとがらなど、かなりのことがわかります。そのうえで、「大丈夫」と思えば、「仮合格」として、少しだけ気持ちが「好き」の方向に傾くことになります。

その後、さらに親しくなれるかどうかは、

どう時間をすごすかしだい。楽しく遊んだ記憶が積み上がっていけば、好意は増します。一方、人間のほうにあまり興味がなく、自分とそこそこの距離でいようと思っているようだと感じたなら、インコもあまり親しくなろうとは思わず、一定の距離でいるようになります。

とにもかくにもインコは、自分がその人間のことをある程度評価し、自分なりの距離感や態度を決めるまでは、一歩引いた位置で待っていてほしいと願っています。

インコが大好きなのに嫌われる人、というのは、だいたいがこの時間を待てない人です。「好き！」という気持ちを発散させながら、突進するようにインコに向かうので、インコは恐怖や不快を感じ、それが最終判断を早めて、「この人、大嫌い！」と思ってしまうわけです。

なかには出会ってすぐに、「この人はダメ」と早々に判断を下され、嫌われてしまう人間もいます。なぜイヤなのか、インコの判断基準がわからずに首をひねることも多いのですが、早期にイヤと判断されると、その評価がくつがえることはほとんどありません。

どんな人が好き?

では、インコはどんな人間が好きなのでしょう?

インコが好きになるタイプの人間を簡単にいえば、「自分の気持ちを察してくれる人」。先にも挙げたように、「近くでインコを見たい、ふれたい」という気持ち優先でどんどん自分に向かってくる人間は苦手です。たとえそれが「好意」であったとしても、迷惑だと感じます。インコが感じるのは、ストーカーに追いかけられたような恐怖です。

そのため、鳥が好きでも嫌いでもなく、ほどほどの距離にいてくれる人、たとえば第三者的な家族のことを、自分の気持ちを尊重してくれる人と勝手に「誤解」して好きになることもあります。

インコにとってそういう人は、「悪い人ではない」という印象なのです。こういう判断は、ネコがそういうタイプの人を好きになるケースとよく似ています。

インコにとっての「よい人」は、ちゃんと自分のことを見て、大事に思ってくれていて、自分の態度からなにをしてほしいのか理解して、それをしてくれる人。

裏を返せば、「してほしくないことは絶対にしない人」。つまりは、インコとしての自分を尊重してくれる人。ある意味、とても都合のいい希望なのですが、そんな人です。

インコにはインコのリズムがあるように、人間にも生活リズムがあって、それに沿って生きていることを、人間との暮らしに慣れたインコは経験から理解しています。外で遊びたいと思っても、それがつねに満たされるわけではないことも知っています。

そのうえで、時間が許すときには、「遊びたい」という自分の気持ちを察して遊んでくれて、放っておいてほしいときには静かに距離をおいておいてくれる人。そんな人が好きになります。

また、インコの中には、たくさんなでてほしい鳥もいれば、指一本ふれてほしくない鳥もいます。さわってほしくはないものの、人の指の上に乗ってくつろぎたい鳥もいます。人間への恐怖を克服できていない一方で、人間のそばにはいたいという矛盾をかかえるインコもいます。そんな自分の希望を尊重してくれる人を、インコは望んでいます。

伸ばされた人間の手に対して身を引いたり、軽い威嚇《いかく》を返したら、さわってほしくない反応だと理解してくれて、一歩下がった接し方をする。そんな配慮ができる人を、インコは「いい人」と感じて好きになります。

インコどうしでも、してほしいこと、してほしくないことがわからない、「空気を読めない鳥」は嫌われがちですが、インコと接する人間もまた、そうした見えない空気が読める人が好まれる傾向があります。

ただ、インコにも一目ぼれ的な「好き」があるようで、短い接触でとにかく好きになるケースもあります。その際、どんな基準が働くのか、嫌いのときと同様、まったくわかりません。「こんな相手のどこが好きなの?」と驚く人物が好きになるインコもいるのです。

アイツがうらやましい……　嫉妬する心

インコははっきりとした「自分」をもっています。インコにとってまわりの世界は、自分と、自分に近い存在と、どうでもいい無関心な相手の3つに分類されます。

ともに暮らす鳥にも、はっきり関心をもつ相手と、関心の薄い相手がいて、日常的な接し方が大きくちがっていたりもします。ここでも決め手は、その相手が好きか嫌いかです。

そんなインコですが、好きな相手にも、ふだんは無関心な相手にも、状況しだいで、怒りをともなった強い「嫌い」を感じる瞬間があります。

それは、「こいつは、自分よりもいい目にあっている」と主観的に思った瞬間のこと。

たとえば、自分が好きだと思っている人から、自分よりもたくさんなでてもらったとか。自分よりも先になでてもらったとか。たくさん話しかけられているとか。自分がもらったものよりもおいしいものを食べさせてもらったとか。特別なおもちゃをもらったとか。そんなとき。

くやしい。ねたましい。うらやましい。そんな感情をインコはもちます。人間がそう感じるのと同じように。

つまるところ、嫉妬、です。

相手がだれでも、「うらやましい」と感じた瞬間、インコの中には沸騰するような「怒り」の感情が生まれます。

その結果、たくさんなでられている鳥を蹴散らして、その人間の手の中に自身の身をすべりこませるとか、相手が遊んでいるものを取り上げるとかします。

そうしたことができず、感情の行き場がなくなると、だれか別の相手やものに八つ当たりもします。なお、八つ当たりの相手は、当たりやすい相手ならだれでもいいようです。

自分よりもいい食事を与えられていないかどうか気になったときは、放鳥時など、そのインコの留守をねらって、ケージの中に入り込んでエサ箱の中のものを食べてみたりもします。自分と同じだとわかると満足して、なにくわぬ顔でそこから立ち去ります。

愛する人間が継続的にほかのインコに優しくするのを見て、その相手に対して激しい怒りが生まれて、目にするたびに攻撃するインコもいますが、こうしたケースは例外的。

嫉妬による怒りの多くは、だいたいが一時的なもので、攻撃されたほうを含め多くは、数分後には忘れてしまいます。八つ当たりにしても、そうしたことは日常的にあるので、されたインコもすぐに忘れてしまいます。

一時的な嫉妬の感情が生み出す小さな嵐も、インコにとっては日常の一部です。

あなたでもOK！　受け入れる心

　インコの心は柔軟です。そんなところも、鳥の頂点といえるところまで頭脳を進化させた理由のひとつだったのかもしれません。

　すべての動物がそうであるように、インコやオウムのDNAの中には、それぞれの種ごとに「インコはこうあるべき」という指針が書き込まれています。それでもインコの心には、「インコはこうあらねばならない」という強い意識はないようです。

　意外な事件や出来事と向き合ったときも、最終的には、「まぁ、いいかぁ」と、受け入れてしまえるのがインコ。なんてあいまいな、と思うこともありますが、そんな寛容さがインコを生きやすくしているのも事実です。

　たとえば、人間を本気で好きになってしまったケース。愛鳥を失った人間が、親族を亡くしたのと同じかそれ以上に深い傷を心につくり、深刻なペットロス症状で苦しむことがあるように、インコのほうも、かなり深く、この人こそが生涯の伴侶と確信するほどに深く好きになってしまうケースがあります。

一般に動物は、異種に対して、つがう相手にしたいと思うほどの強い衝動をもちません。ところが、愛情をたっぷり注がれてヒナから育てられたインコの中には、「もう、この人しかいない」と思い込んでしまうことがあります。

成長し、飛べるようになったインコは、自身を鳥だとはっきり認識しています。ものごころがつくまでは自分が何者なのか、ちゃんとは理解していませんが、大人になれば、鳥という自覚が生まれます。

その一方で、育ててくれた人間を、最初は「親」だと思っていて、自分にもどこか親と（人間と）近い部分があるとも思っています。やがて、大人になると、親という認識はなくなっていき、かわって「好きな相手」という意識が強まっていきます。

その時点でもインコは、自分には人間に近い部分があると思っています。なので、なりゆきとしてその人間のことが好きになったとしても、とりあえずそれはそれでいいか、と思ってしまいます。インコにとって、その「好き」は自然な流れで、特にひっかかるようなものではないようです。

そして、この人の卵が産みたいと思ったメスが、背中をなでられた刺激を交尾の刺激と勘違いして、おなかに卵をつくってしまったり、この人間はじぶんの妻と思ったオスが、その人の周囲に擬似的なナワバリをつくって、まわりのすべての鳥たちを蹴散らしてしまったり、といった状況ができてしまったりすることもあります。

さらに、インコにかぎらず、鳥類全体のものとして、大ケガをするなど、特定の状況・状態になってしまったとき、それをすんなりと受け入れる心が、深く根づいています。

たとえば事故で足やつばさを失ったり、白内障などで視力を失ったとしても、その状況を受け入れます。飛べないこと、動けないことはつらいことですが、それでも、大事なのはこの先にも生きていくことだと強く割り切って、いまできることをします。

現状を悩んだり、過去を悔やんだりする心はありません。運命として、いったん状況を受け入れ、その上で生きるための精いっぱいの努力をします。それが鳥でありインコです。

そんなインコの心に学べることが、人間にもたくさんありそうです。

ご飯はいっしょに食べたいと願う

人間に馴れ、人間が好きになったインコは、家庭内で暮らすどんな動物よりも人間の行動を詳細に観察しているかもしれません。

群れで暮らす生き物としての習性から、集団として生き、同じリズムですごしたいという思いをインコはもっています。野生の中で安全に暮らすための本能が、家庭の中でも生きているわけです。

加えて、人間に馴れたインコには、「好きな相手」と同じでいたいという気持ちがあります。つがいや、それに準じる相手と決めた人間に近づきたい、同じようにすごしたいという気持ちです。同じタイミングで遊び、ふれあい、食べたい。そんな願いをもっています。

食事時間を共有したいというのも、そうした気持ちの表われです。

群れの鳥の習性から、人間に好意をもっている、もっていないにかかわりなく、同じ家に暮らす人間が食べはじめると、つられるように食べはじめるインコは多くいます。

野生では、群れはいっせいにエサ場に移動して、そこで集団で食事を摂ります。食事中は、同じように食べている鳥がまわりに見えるのがふつうです。まわりが食べはじめると、そこは安全に食べられる場所という「安心」のスイッチが入り、自然に自分も食べよう、という気持ちになるわけです。

鳥は病気になるとまず食欲が落ち、体重が減ります。治るためにもがんばって食べてもらわないといけないのですが、食欲のない鳥に食べる気を起させることはとても困難。そんなときに活用できるのが、この「つられて食べてしまう」習性です。

具合の悪いインコも、まわりでほかの鳥が食事をはじめると、つられて一口、二口と食べ始めることがよくあります。食欲が落ちているインコの両隣にふつうにエサを食べる健康なインコを配置するだけでも、食欲を生む効果が期待できます。

もちろん、人間がそばでなにか食べてみせても同じ効果が出るので、食べてほしいインコから見える場所で食事をしたりおやつを食べるのも有効です。

人間を伴侶と確信しているインコにはそれなりの効果があり、「ほら。いっしょに食べよう」と毎日ケージの前で食べて見せたことで、少しずつ食欲を取りもどし、重篤《じゅうとく》だった病

気のヤマを克服した事例がいくつもあります。

インコがどうしようか迷うとき

好奇心が強い一方で怖がり。臆病。それもインコの特徴です。

インコは基本的に思い立ったら行動します。なにかしたいと思ったとき、「やる」と決めたら即、行動。興味があるものを見つけたときも、それがなんなのか、どんなものなのか確かめたい気持ちをおさえることができません。

でも、目にしたものがおもしろそうだと感じたものの、それは初めて見るもので、正体不明のときなど。ある距離まで近づいたあと、じっと見つめながらも、もう一歩が踏み出せずに片足をもち上げたまま逡巡《しゅんじゅん》するインコも多く見かけます。

もちろん、あまり深く考えない性格のインコや、勇気あるインコは、いきなり近づいてかじってみたりもするのですが、その数はあまり多くはありません。

立ち止まっているインコの胸の内では、さわりたい、近づきたい、という気持ちと、怖いという気持ちがせめぎあって、進むも戻るもできない状態になっています。

人間相手でもそうで、その人に興味はあるものの、近寄ることができずに、しばらくのあいだ一定の距離をうろうろしていることがあります。

揺れ動く好奇心と怖さ。天秤は、すぐにはどちらかに傾かず、両者のあいだで大きく振れます。そんな心を映しているのが、片足を上げて止まってしまったり、片足は踏み出したものの、上半身はまだふんぎりがつかなくて、一歩踏み出す前の位置にある、つまり少しのけぞるような姿になるインコの姿です。

大きく分類すると、インコには、慎重なタイプと、熟考しないタイプと、ものごとにあまり関心をもたないタイプがいます。慎重なタイプのインコは、自分が経験して、記憶としてもっている情報なども照合しながら、たくさんのことを考えてしまうので、迷う時間が長くなります。

そして、あるものに近づくか後退するか決めて、やっと動き出しても、しばらくして見ると、また別なものに対して迷いが出て、別の場所でかたまっている姿を見ることがあります。

こっち見て！　叱られることをわざとします

好きな人に、もっと自分のことを好きになってもらいたいという気持ちがインコにはあります。もっともっと自分に関心を向けてほしいとも思っています。

どんなふうに接したとき、好きな人間が自分のことを大事にあつかってくれたかなど、すごしてきた時間の中でインコは多くのことを学習しています。

かまってもらうために、その人のもとに飛んでいって、「なでてほしい」とか「いっしょに遊んで！」と直接アピールするのはもちろんですが、ほかの方法もいろいろ考え、実行します。

たとえば、壁紙や本などをかじろうとして怒られたことを、インコはおぼえています。怒られたとき、ほんの少しだけイヤな気持ちがしたものの、それよりも大きなうれしさを感じたこともしっかり記憶しています。

「怒られる」という行為は、怒っている人間の意識が「自分だけ」に強く向いている状態でもあります。インコにとってそれは、怒られてイヤという気持ちを完全にかき消してしまうほどにうれしいことです。

そのうれしさは記憶に残り、壁紙をかじるなど、ちょっと悪いことをしたときに「うれしいことがおきた」と学習したりもします。

ためしに今度はわざと壁紙をかじったり、本などもかじってみたりします。すると、前と同じように人間が飛んできて、「ダメ」と叱ります。繰り返すたびに何度も自分のもとにきます。それを、自分にとって「うれしいこと」と学習したインコは、ダメといわれたことをわざとするようになります。

たまにやってはいけないことを読み違えて、「ケージに入りなさい」と強制退去させられることもありますが、それは例外的なこと。だいたいの場合、本気で人間を激怒させるようなことはしません。あくまで、「ちょっと」困らせるくらいです。

人間側も「また?」と苦笑するくらいで、止めには行きますが、そんなに困っているわけではありません。せいぜい、ずっと見ていなくてはならないのがめんどう、というくらい。

インコにとってはそこがねらい目。いたずらしようかな、どうしようかな、という、「ちょい悪インコ」を演じることで、長い時間、人間の意識を自分に向けることができます。それがインコにとっての遊びになったりします。こうしたことも、インコと人間のあいだの絆《きずな》を深める、よいコミュニケーション手段なのだと感じています。

嘘はつきます。仮病もつかいます

「動物は嘘をつかない」というのも、人間が作り上げた幻想です。

インコによくある例としては、なにかいたずらをしようとしていたとき。それに気づいた人間が「こら！」と声をかけると、ビクっと反応したあと、ちょっと振り返って、「ボクはなにもしようとしていませんよ？　悪いことなんてするはずないじゃないですか？」という顔で立ち去ったりします。

それでも、毎日見ている人間には、「バレた……」という気持ちが、顔や歩き方に浮かんでいるのが見え見えなのですが。

おいしいものをもらっているときもそうです。順番にあげて、ひとまわりしたあと、「ボク、まだもらっていないのでください」と目の前にやってきて、懇願《こんがん》するように見上げたりもします。

ただそれは、「もらえたらいいな……」くらいの軽い演技なので、人間に「ダメ」と言われると、「しかたない……」と簡単に引き下がるレベルの気持ちなのですが。

インコは病気などで具合を悪くしたときのことも、意外によくおぼえています。しかし、痛かったりつらかった記憶はあまり残っていない様子。残っているのは、好きな人間がずっとそばにいてくれたという「よいこと」寄りの記憶です。

命にかかわるような事件は別ですが、ちょっと体調をくずしたとか、食欲が落ちたとか、

風邪を引いたとか、ささいな不調レベルのことなら、日々の生活の中、かなり早く記憶から消えていきます。

治ったからいいものの、飼い主からすれば一大事です。徹夜で様子を見たとか、連れて病院に走ったことなど、たいへんな思いをした記憶が残ります。一方、（能天気な）インコのほうには、「好きな人を独占できた」というほんわかした記憶だけが残ります。

そうした記憶をもとに、一部のインコは「よくない学習」をします。具合を悪くすればずっとそばにいてもらえる、と。

ただ、健康なインコはそうそう病気になったりはしないので、なかなかその願いは満たされないのですが、病気などによって、あまり食べられなくなった経験のあるインコの中には、「食べないと心配してもらえる」と学習してしまうものがいます。

羽が抜け変わる換羽期《かんう》など、軽い食欲不振におちいることが鳥にはあります。そんなとき、少し無理をすれば食べられるにもかかわらず、おなかがすいてもわざと食べずにいて、食欲のなさを装って、好きな人間が長い時間、自分のそばについていてくれるように仕向けるケースもあります。

好きな人の気を引くために、人間でいうところの「仮病」を使うというわけです。

それが本当だったか仮病だったかは、それから数日間の食事の様子を見ればわかります。

インコにとっての「死」のイメージ

生まれて一度もそんな経験をしていなくても、インコは、肉食の獣や鳥におそわれて殺される恐怖を知っています。それは、本能に刻まれたものだからです。

一説によると、人間を含めた動物全般において、仲間が殺された瞬間の恐怖がＤＮＡに刻まれ、遺伝して子孫にまで伝わっているのだとか。

自身を捕食する敵の存在に気がついたとき、「死にたくなければ逃げろ。遠くか、仲間のもとに逃げろ！」と、鳥の本能が告げます。

インコが、だれでもいいからそばにいてほしいと心の深部で願っているのも、その結果として群れをつくりたがるのも、「死」の恐怖を回避するためです。1羽でも、1匹でもそばにいれば、ぜったいに自分は逃げられる。死ななくて済む。そう考えます。

敵におそわれる状況と、その結果、自分がどうなるのかを、インコはおそらくイメージできます。映像を脳裏に浮かべることも可能かもしれません。

しかし、インコなどの鳥は、病気によって自分が死ぬ、というイメージは、あまりもつことができないようです。

おそらくそれは、病死する仲間を見る機会が少なく、仮にそうやって死んでいく仲間を見たとしても、不安や危機感をあおるような強い記憶として残らない、ということもあるのでしょう。

鳥にとって、おそわれての「死」と、病気や寒さ、老衰での「死」は、もしかしたらちがうものなのかもしれません。そういうかたちでの「死」と、「眠り」とのちがいをあまり理解できていないのかもしれません。

また、経験のないことは予測できないということもあるのでしょうが、病気がどんなに重篤な状況にあっても、人間のように、暗い予感がつくる不安を、鳥は感じていないようです。

具合が悪いときもインコは、具合の悪さに全力で立ち向かい、いまを乗り越えることしか頭にありません。この先、悪化して、死にいたる未来は、想像の外です。

からだが治そうとがんばっているとき、「病気の末の死」のイメージを脳裏にもったとしても、自分にはなんの役にもたたない。無意識下に、そんな思考があるように思えます。

だとすると、病気などで衰弱して死んでいくケースにおいて、インコが「死」というものをはっきりと自覚するのは、死が訪れたその瞬間だけ、ということなのかもしれません。

逃げたインコが思うこと

インコが逃げたという悲鳴が毎日のように上がっています。本当に悲しいことです。そうした事件のほとんどは、人間側の油断から起こります。うちの子は逃げないという根拠のない思い込みや、急に家族が部屋の扉や玄関のドアを開けるかもしれないという予測の不足など、人間の意識に問題があったことがほとんどです。

どんなに人に馴れているインコでも、びっくりしたとき、目の前の窓やドアが開いていれば、そこから外に飛び出します。危険を感じたら、まず行動してから次のことを考えるのが鳥だからです。

肩にインコを乗せたまま、ベランダや庭に出るなどもってのほかです。一度やって飛び去らなかったとしても、次も大丈夫という保証など、どこにもありません。悲しい出来事にならないように、一家全員で、つねに気持ちを引きしめておくことが大切です。

外にはたくさんの危険があることなど、だれも教えてくれません。軽い好奇心から、開いている窓から出てみたりすることも、もちろんあるでしょう。

外に逃げたインコは、すぐさま自身がしでかした失敗を悟ります。安全を求めて逃げたはずが、結果的に、さらに悪い状況におちいったことを知るのです。

車やビルなど、目に映るのは知らないものばかり。たくさんの人間が見えて、カラスなどの大きな鳥もいます。外に出てから初めて知っても、もう遅いのです。

人間の家で暮らしていても、びっくりするようなことはありました。危険がまったくないわけでもありませんでした。でも、いますぐ何者かに殺されるかもしれないというレベルの恐怖を感じるのは、ほとんどのインコにとってその瞬間が初めて。想像したこともない不安がおそってきます。

そのとき、ほとんどすべてのインコが思うことは、「もとの場所にもどりたい」です。ともに暮らした人間が好きでも、嫌いだったとしても、そこは、いまこうして見ている外の世界とは比較にならないほどの安心できる世界でした。

逃げたインコが保護されるのは一部だけで、その多くはネコやカラスや寒さなどによって命を失います。飼育する人は、それをしっかりおぼえておいてほしいと強く思います。

外で発見されたときのインコの反応は、大きく分けて次の3つです。

（1）体力を使い果たし、具合も悪くなって、すぐに捕獲される。

（2）見つけて、声をかけてくれた人がいたことに安堵する。

（3）興奮と恐怖に支配された心が判断力も鈍らせて、発見されたことが救いになると考えることができず、さらに遠くに逃げる。

3番目のケースは、飼い主であっても起こります。飼い主への信頼が残っていても、恐怖でパニックにおちいっているインコのからだは、本能に強く支配されています。

飼い主は、「あぁ、見つかった」という安堵のあまり、インコに向かって駆け寄ったりしがちですが、興奮の中にいるインコは、「急に近寄ってくるもの」＝「おそいにきたもの」という図式が頭に浮かんで、本能的に飛び去っていくことも多くなります。

状況によるため一概にはいえないのですが、人間を気にする素振りを見せたら、いきなり追いかけたりせず、「おいで」と声をかけるなどして、まずは警戒心を解くのがいいでしょう。

大事にされて、人間に馴れているインコなら、興奮を鎮めてやることさえできれば、不安な気持ちから、自分から近寄ってくることも多々あります。

実は20年前に、氷点下の寒空の下で凍えていたセキセイインコを拾ったことがあります。話しかけているうちに近寄ってきたその鳥は、自動車に驚いていったんは街路樹の枝まで上がったものの、「おいで」と根気よく呼んでいるうちに手に降りてきました。

急ぎ、抱えるようにして家に連れ帰りましたが、当時、ケージもエサも手許に置いていませんでした。ひとまずなにか買いに行かなきゃと思って家を出ようとしたものの、そのインコは服にしがみついて離れず、1時間近く外出できなかった記憶があります。

「もう、ひとりにしないで」と、目と行動のすべてが訴えていました。「怖かった」、「不安だった」、「寒かった」という心が強く伝わってきました。気持ちをなだめ、彼女の心を落ち着かせるのに、1時間という時間が必要でした。

第四章
うまくいくインコ生活の秘訣

伝えたいインコは、まず呼びかけます

インコは正直です。それは、嘘をつくかどうかということではなく、インコの行動や顔つきの中に、その瞬間瞬間にインコが考えていたり感じていたりする、思考や感情がにじみ出てしまうという意味での「正直」です。

マンガなどで、思っていることが顔に文字として浮かんでいる絵を見ることがありますが、まさにそんな感じなのです。ほんの少し慣れさえすれば、インコと暮らしている人が、そこにあるものを読み取るのも、決してむずかしいことではありません。

また、なにかを伝えたいインコは、必ず、その意思に沿った行動に出ます。ほんの少しだけインコ流のやりかたを理解できれば、インコへの理解は格段に向上するはずです。

なにかしたいことがあり、そのために人間を動かす必要があると思ったインコは、まず自分に注意を向けることからはじめます。やり方の基本は、人間と同じです。

インコとしての声を使って呼びかけたり、話せるインコは、「おい」とか「ねぇ」とか

「おいで」とか、人間の言葉を発して注意を引きます。人間の言葉を話すインコの中には、自身の楽しみとして言葉をおぼえるだけでなく、いざというときに人間の関心を引きやすいことを知っていて、話すようになる鳥もいるのです。

呼びかけた相手が家のどこにいるのか確かめたかった場合や、返事をもらうこと自体が目的だった場合、人間が「なに？」とか、「ここ」とか声を返すだけで満足します。

その後、おとなしくなったのを不思議に思って、「なんの用事だったの？」とケージに近寄って顔をのぞき込んだ際に、これといった主張のない、おだやかな顔を返すようなら、本当にただ返事がほしかっただけと考えていいでしょう。人間がそうであるように、「単に呼んでみただけ」ということが、実はインコにもあることなのです。

急いでいないときや、特に強い希望でもなかったとき、インコがかける声はおだやかです。しかし、切羽詰まっていて、緊急になにかしてほしいときや、急いで止めてほしいときなどは、「なんとかして！」と人間が叫ぶのと同じように大声や絶叫になります。

つまり声の大きさは、心の状態を反映しているということ。伝えたいことがあって呼びかけているのに気づいてもらえなかったり、無視されたりした場合、ストレスを感じ、内心の苛立ちが増すにつれてだんだん声が大きくなって、最後には絶叫に変わります。これは人間どうしでも経験することなので、インコの腹立ちもよく理解できることでしょう。

また、声を出さず、ケージの中のなにかをガタガタと揺さぶって音を立て、その音で人間を振り向かせることもあります。そうした行為も、呼びかけである場合があるのです。

外に出ているときは、直接やってきて、自分の存在に気づかせようとします。頭や肩に止まって顔をのぞき込んだり、そこで声を発したり。クチバシでつまむようにして、服の袖口や髪をひっぱってみることもあります。「ねぇねぇ」という感じです。

いずれにしても、人間が気づけば、それで目的の半分以上は達成したも同然。たとえば、なでてほしかったインコは、人間の指や手の甲などに頭をコツンと押しつけ、片目で見上げて、なでてと目で訴えます。遊んでほしい場合は、それをうながす行動に移ります。

特別に、なにかしてほしい、なにかに興味があるなどの場合は、必ず対象を見ますから、インコの視線の先になにがあるのか確認してみてください。注視していたものがわかれば、彼/彼女がなにを望んでいたのかわかるはずです。

こうしたやりとりは、インコを飼ったその日からはじまり、インコが寿命を迎えるまで続きます。長く暮らすうちに、阿吽《あうん》の呼吸で、インコが望むことがより早くわかるようになってきます。

「やりたい」サイン、気づいてる？

人間に心を許したインコの胸には、「楽しくすごしたい」、「大事にされたい」という2つの思いがつねにあります。馴れたインコは、人間にさまざまな要求をするようになりますが、多くはこれらが元になっています。

インコが出すサインの多くは、かなり直接的で、はっきりした目的に沿ったものです。ここでは、インコの代表的な要求である、遊びへの誘いと、言葉や歌をおぼえたいというサインについて、少しくわしく紹介してみましょう。

◎遊んでほしい、遊びに参加してほしい

インコの主張としてもっとも多いのが、遊びへの誘いです。それは、飛んできたり、歩

いてきて、人間にまとわりつくところからはじまります。

特定のおもちゃで遊びたいインコは、クチバシでそれをくわえてもってきて、人間の手に押しつけたりもします。「人間と」あるいは「人間で」遊びたかったインコは、服の中にもぐり込んだり、ボタンを壊そうとしてみるなど、その思惑に沿った行動をはじめます。

とにかく、なんでもいいからその人と時間を共有したいと願うインコは、たとえばテーブルの上のもの（クリップやペンなど）をもち上げ、投げ落とすなどして、「ピャ」などの短い声で「落ちた」ことを伝えます。

声が伝えるのは、「落とした」という事実と、「拾って」という希望です。インコは人間が拾うのを少しわくわくしながら見ています。人間が拾い上げてテーブルにもどすと、また落として声をかけます。この繰り返しも、インコにとっては楽しい遊びとなります。

とにかく遊びたい気分なのに人間が思うように反応してくれないとき、インコは腕や肩の上などを走り、髪や服をクチバシでひっぱったり、首筋を甘噛みしたりすることもあります。

それは、「遊ぼうよ」のサインです。

それでもダメなときは、その人間がメガネをかけていたら、メガネのツルにクチバシでぶら下がってみたりするかもしれません。あるいは、飛んできて、顔の正面に張りつくような暴挙に出るかもしれません。

とにかく、まずは自分に関心を向け、いっしょになにかしよう（させよう）とします。多くの場合、それは、人間が観念して遊びにつきあう決心をするまで続きます。

◎言葉を教えて、歌を教えて

「おしゃべりをさせたい」という思いから、インコを飼いはじめることもあるでしょう。

でも、ちょっと待ってください。話したくないインコもいれば、話す能力をもたないインコもいます。そんなインコに、無理矢理、言葉や歌を教え込もうとするのは、悪い言葉を使うなら拷問のようなものです。

言葉や歌を教えたいときは、まずは「話したい」、「うたいたい」という意思をもった若いインコを選んでください。そんなインコなら、長い時間教え込んでもストレスにならず、率先しておぼえようと努力もします。上達も早く、教えた人間を大いに喜ばせるようになるはずです。

絶対ではありませんが、セキセイインコなどのよく話す種を、ヒナや若鳥から育てると、希望を満たせる可能性が高くなります。その際に選びたいのは、人間を恐れず、活発に動いてさかんに自己主張するタイプの「オス」です。そうしたインコには、話したり、うたったりできるようになる潜在的な可能性があります。

では、言葉や歌をおぼえたいインコは、人間にどんなサインを出すのでしょうか？

そうしたインコは、話している人間、うたっている人間をじっと見つめて、耳を澄ませています。話すのも、うたうのも、まずはしっかり聞いて、言葉やメロディーを記憶することからはじまるからです。

うまく話せたり、上手に歌がうたえるようになるには、何度も何度も声や言葉を聞かなくてはなりません。もっと聞きたいと思ったインコは、人間のすぐそば、たとえば顔の前や肩にとまって首を伸ばし、耳をそばだてるようになります。

聞きたいという希望がさらに強まると、インコは直接的な手段で、言葉や歌を催促しはじめることもあります。たとえば、顔正面に回り込むようにして、その耳を人間を口元にぴったり寄せたりするほか、「もっと話して、もっと歌を聞かせ」とうながすように、くちびるを軽く突ついたり、ひっぱったりすることもあります。

こうした積極的なインコは、おぼえる気が満々ですから、遠慮なく話しかけたり、うたったりしてみせてください。そのほうがインコも喜びます。おぼえる意思のないインコにはストレスにもなる「話して」、「うたって」という人間の期待も、意思のあるインコには励みになり、おぼえるための大きなモチベーションとなります。

うまく話せたり、うたえたことをほめられると、インコもうれしくなります。そして、さらにレパートリーを増やそうとがんばるようになります。

人間とインコでルールを決めて暮らす

人間とインコが満足して暮らしていくためには、たがいに理解を深めたうえで、接点と妥協点を探していく必要があります。

相互理解の第一歩は、おたがいの行動の深読みです。実は、人間に馴れたインコは、人間よりもずっと早くそれができるようになっています。

服装や持ち物などから、その人のこの先の外出予定の有無がインコにはわかります。部屋の中を歩く速度や自分に語りかける言葉の量などから、気持ちに余裕があるかないか、忙しいかどうかもわかります。顔の表情からうれしさや怒りを読み取ることができますし、不機嫌なとき、人間は言葉が少なくなることも理解しています。

一方、人間の多くは、インコがしているほどには、インコの感情や思惑を読み取れていません。そもそも、読み取ろうという意思があまりありません。それが大事であることも、インコがそうしてほしいと望んでいることも知らないからです。ここは、もっと人間側が努力するべき点だと、インコと暮らす人に伝えたいところです。

インコの感情や思惑をうまく読み取れるようになるには、そのときどきのインコの行動や顔つきなどから、感情や思惑を「推理」しながら接するように心がけることが大事です。考え、推理して、次の瞬間のインコの行動を見ると、どんな心でいたのか見えてきて、推理が正しかったのか、まちがっていたのかがわかります。それを繰り返すことで、より深くインコが理解できるようになります。

とはいえ、いきなりたくさんのことを読み取れといっても難しいので、まずはインコに先導してもらうかたちで理解を進めていくのがいいでしょう。

日々の暮らしを通して、インコは多くのことを学習しています。たとえば、ふだんからインコに声をかける習慣がある人ならば、インコは「おはよう」が朝起きるときの合図で、その声が聞こえると一日がはじまることを察します。同様に、「おやすみ」が寝るタイミングの合図で、「寝なさい」というゆるい命令であることも理解します。言葉を話さないメスや、まったく話さない種でも、言葉の響きとその意味は記憶し、理解しています。

そうしたことを意識しながら見ると、夜もふけて、そろそろ眠らせようとしたインコが「おはよう」と言ってきたら、「もう一回、一日がはじまること」を期待しているんだな、などと察することができます。それが「もっと起きて遊んでいたい」という意思の裏返しの表現であることも理解できるはずです。

「出たい？」と聞かれる声が「そろそろ出てもいいよ」という意味をもっていることを学習したインコは、「出たい？」と問われると、とまり木の上でわくわくするようなステップを見せるようにもなります。

「おいで」が相手を呼ぶときの言葉であることを理解したインコが、人間を呼びたいときに「おいで」を連発することがあるのも、ある意味、学習の成果です。

こうした行動の連鎖は、人間とインコがおたがいの言葉と次の行動を理解したうえで、ひとつの「とりきめ」ができていることを意味します。そんな「きまり」を少しずつ増やしていくことが、相互理解の上に成り立つ「ルールづくり」です。

なにかをやめさせたいときは？

いたずらを含め、やりたいことに向かって突き進んでいるインコを止めるのは、実はけっこうたいへんです。一過性の関心事ならすぐに忘れてしまうので問題は少ないのですが、強い興味をもってしまった場合、自身が納得するまでやらないと気がおさまりません。

インコがしたいと思うことが、その家にとっても、インコの健康にとっても問題にならないことならば、自由にさせてもいいでしょう。好きなことのためにあれこれ考えることは、インコの脳と心にはよい刺激です。ただ、大事なものを破壊しようとするなど、問題があるときは、とにかく止めなくてはなりません。

インコがしたくてたまらないことを止めるには、大きな声をかけたり、手でふさぐなどして、毎回じゃまをし続けて、本人がうんざりしてあきらめるのを待つか、もっとおもしろいとインコが思えそうなことをどんどん示して見せて、関心がほかに移るように仕向けるかの、ほぼ二択となります。

なにかに執着するタイプのインコの多くは好奇心が旺盛で、つねにおもしろいことを探していています。現在、大いに関心をもつことがあったとしても、ある程度時間が経てば、ほかのなにかに興味は移っていきます。人の手でそのサイクルを早めてやるのが、もっとも有効な手段なのです。

なにかをさせたいときは？

インコになにかさせたいことがあったとしても、本人がそれに興味をもたなければ、やらせることは事実上不可能です。基本的にインコは、自分の興味が優先で、自分がしたいことしかしません。人間の思惑とインコの興味がたまたま重なればうまくいくこともありますが、それはめったにないことです。

食べものをご褒美《ほうび》として与えて誘導することもできますが、やらせたいことが出てくるたびにこの方法を取っていると、健康を害する可能性も出てきます。インコを大事に思っているなら、あまり選びたくないやりかたです。

では、意図してなにかさせることは、本当に、絶対に不可能なのでしょうか？

いいえ。実は、絶対に不可能とは言い切れません。時間はかかりますし、確実ともいえませんが、インコに負担を強いることなくチャレンジできる方法は、まだあります。

まず、そのインコがどんなもの、どんなことに興味をもっているのかを把握します。そのうえで、興味に近いことで、インコが関心をもちそうなこと、もちそうなものを、どんどんインコに提示していきます。

急がば回れではありませんが、インコの興味の幅を少しずつ拡げていき、「やりたい」と思うことを増やしていくことは有効な手段です。時間をかけて関心領域を拡げていき、目的の方向に近づけていくことで、いつかはさせたかったことができるようになるかもしれません。

なお、その際、インコがなにか新しいことにチャレンジして、それがうまくいったときは、徹底的にほめてください。

インコは、ほめられるとうれしいと感じます。人間の言葉がわからなくても、自分の行動を見た人間がとても喜んでいること、ほめられていることはインコにしっかりと伝わります。その結果、自分がしたことはいいことだ、「もっとやりたい」と刷り込まれます。

インコになにかを教えるときの基本は、「ほめて伸ばす」です。

噛まれたら怒っていい

どんな動物も、成長の過程で、生きるために必要な知識や、仲間うちのルールなどを学んでいきます。その動物なりの社会常識のようなものはたしかにあり、大人になるまでにちゃんと教えられないと集団にうまくとけこめず、孤立してしまうことも多くなります。

人間とインコがいっしょに暮らす場合にも、ルールは必要です。

たとえば子ネコは、親離れをするまでのあいだに、遊びを通して多くのことを学んでいきます。強く噛んだりたたいたりすると相手は怒ること、ケガをすることもあることを学習します。やりすぎに対して親ネコなどから入る「教育的指導」により、子ネコは「加減」も学んでいきます。インコにも、そうした指導が必要です。

生まれながらに慎重で、気づかいの強いインコの場合、加減のしかたも、まわりに対する配慮も十分にできるので、なんの指導も必要ありません。その一方で、加減などまったく念頭にないインコもいます。そういうインコに対しては、人間が親鳥に代わってルールを伝える必要があります。

インコの場合、「凶器」になるのはほぼ100パーセント、クチバシです。小さなインコでも、本気で噛まれたら流血沙汰は避けられません。

一方で、大きなインコのクチバシの鋭さと力の強さは半端ではなく、本気で攻撃する意図があれば、人間の指など簡単に食いちぎれるほどの力がでます。

人間の多くは小さな生き物に甘く、初めてなにかしたときに失敗しても、子どもだからとか、初めてだからと許す傾向にあります。しかしそれは寛容ではなく、責任の放棄です。インコのヒナや若鳥に血が出るほどかまれたときは、その瞬間に「痛い！」と大きな声を出して、「ダメ！」と怒った顔を見せるのが正解です。「大丈夫。痛くない」と我慢するのは、だれのためにもなりません。

噛まれた直後にはっきり叱ることで、インコは「まずいことをした」ことを悟ります。

時間が経ってから叱っても、インコは因果関係を理解できず、なにも学習にはむすびつきません。「噛む → 噛まれた者が怒る → それはしてはいけないこと」を記憶させるためにも、そのタイミングでの対応がとても大切です。

なお、人間の家で暮らしていくためには、人間どうしのルールや家庭内の危険物のことなども早めに知ってもらい、可能な範囲でそれに合わせてもらう必要があります。

これはかじってはだめ、ここにきてはだめ、呼ばれたとしても人間がいつでもそばに行けるわけではないなど、ものごころがつく前に教え込むことが大事です。大人になってから教えようとしても、ただ反発を招くだけで、インコの心にはストレスも生まれます。

思わぬことが、大きなストレスに

人間が思う以上に動物の心は繊細です。ストレスをため込んだり、心に傷を負ってしまうこともあります。なかでもインコの心には、とくに繊細な部分があって、場合によっては大きく気力を落としたり、人間のＰＴＳＤに似た症状を見せることもあります。

高度な思考力と記憶力があればこその資質ですが、インコと暮らそうと思った際は、そういう生き物でもあることもしっかりと理解してから生活をはじめたいものです。

たとえば、好きな相手を亡くしてしまったことに大きなストレスを感じるインコがいます。失った相手は、カップルとして暮らしていた同種であることもあれば、人間であることもあります。

一般に鳥は、特に野生では、大切な相手を失ったとしても、その後も自身が生き抜いていくために、相手のことを忘れていきます。それは、生きるためにしかたのないことです。

一方、家庭で暮らすインコは、喪失のショックを長く引きずるだけでなく、意気消沈のあまり、食欲がなくなり、その結果、からだの免疫力が落ちて思わぬ病気を発症してしまうこともあります。発症した病気によって、結果的に亡くなってしまうこともあります。外から見ていると、あとを追ったようにも見えて、心が痛みます。

おたがいが好きになった人間とインコは、場合によっては何十年ものあいだ、魂が向き合った深く親密な時間をすごします。おたがいに近く、理解しやすい心をもっているがゆえに、そのむすびつきはとても深くなることがあります。

昨今、「ペットロス」が大きな問題になっていますが、愛するインコを失った人間の心のペットロス症状には、ほかの動物と比べて、かなり深刻なケースがあるという報告もされています。家族よりも恋人よりも、自身の子どもよりも長い期間、おたがいが支え合うようにして深く心を交流させてきたとしたら、それも当然のことのように思えます。

実は、同じことがインコ側にもあります。大事な人間を失って心に大きな傷を負うインコも少なくないのです。いつまで経っても元気を取りもどせないインコは憐憫《れんびん》を誘います。

死別以外にも、インコが心に傷を負う事例はいくつもあります。

それまで親密な時間をすごしていた人間が急に心変わりをして、インコに見向きもしなくなったとき、何十年もの寿命をもつ種だった場合、残りの何十年間、癒《い》えない心の傷を抱えながら、耐えていかなくてはならないかもしれません。ある意味、それは地獄です。

飼い主の心の問題から、虐待を受けた経験をもつインコもいます。幸運にも新たな飼い主を得て、幸せな環境で再スタートを切れたとしても、虐待された記憶は強いトラウマとして残り続けます。高い記憶力があだとなって、なかなかそれを消す事ができないのです。

寒い、暑い、うるさい、家の中に怖いと感じる生き物がいる、来客が多すぎて落ち着かないなど、人間の家の中にもインコにとってストレスになるものがたくさんあります。もちろん、そうしたストレスが健康被害をもたらすこともありますが、メンタルなストレスのほうが、インコには、より深刻に作用する可能性もあると指摘する専門家もいます。

インコとの暮らしを決意したなら、その心にも十分に配慮して、できることなら変わらぬ愛を与え続けてほしいと願います。インコにかわって、切に。

ウチの子の個性を知ることが大切

「インコって、一羽一羽こんなにちがうの？　こんなに個性の幅があるの？」

インコと暮らしはじめた人の多くから聞こえてくる驚きの感想です。

生まれてからわずか3、4週間。初めて人間を見たインコでさえも、その反応はまちまち。怖がってあとずさるヒナがいる一方で、興味津々で人間に突進してくるヒナもいます。怖がるでも、興味をもつでもなく、ただぼーっと人間を見上げるヒナもいます。

いっしょに暮らすインコや人間に、たまたま尾羽を踏まれたり、押さえられたりすることもありますが、そんなときもインコは、まったくちがう反応を見せます。「なにするんだ」と怒りや威嚇の表情を見せるインコもいれば、ただびっくりして飛び去るインコもいます。無言で、「やめて」と懇願するような目で見るインコもいます。

おもちゃなど、好奇心をもったものに対する反応もまちまちです。とにかく「なにそれ、なにそれ？」と突進していくインコもいれば、興味はもつものの、だれかがふれて、それが安全であることが確実になって初めて、さわることができるインコもいます。近寄ることができず、人間の肩や柱の陰からじっと観察し続けるインコもいます。よくある鳥用のおもちゃもあるにもかかわらず、見た瞬間に悲鳴を上げて逃げだすインコもいます。

神経質で慎重なタイプもいれば、好奇心旺盛で活動的なインコもいます。すべて自分の思い通りにならないと怒りだすインコもいます。とにかくなんでも控えめで、強い主張をしないインコもいます。ぼーっとしがちで、つねに集団行動に遅れるインコもいます。

このようにインコには、非常に広い幅の個性があるのです。

インコのことを「永遠の○歳児」と呼ぶことがあります。生涯にわたって、2～5歳の子どもにも似た行動や反応、知性を見せてくれることから、そう呼ばれるようになりました。

乳幼児から小・中学生の子どもを指導したり、なにかを教えたりするときは、その子の個性に合わせてやらないと失敗するとよく言われますが、インコも同じです。

先の例のように、同じものを見ても、同じ状況になっても、インコはそれぞれちがった反応を見せます。そのため、なにかを教えるときも、必要な指導も、そのインコの個性を把握したうえで、そのインコに合わせて行っていく必要があります。

クチバシがインコの「要」

もともと内にもっていた好奇心が大きく開放された状態にある家庭の中のインコ。家の中にはインコの興味をそそる「もの」がいろいろあって、ついついさわってみたくなります。ちいさな人間の子どもがいろいろとさわって親に叱られる場面をよく目にしますが、インコがクチバシを伸ばしてあれこれかじってみるのも、これと同じ心理です。

「ダメ！」と怒られようと、子どもがさわってしまうのと同じように、関心をもってしまったものを、かじってみたいという衝動を、インコはなかなかおさえることができません。

　そんなインコのクチバシは、人間の想像を超えた万能の道具。ものを食べる口の役割に加え、もち上げたり運んだりする手や指の働きもします。さらに、そのとがった先端はピンセットと同等で、人間の指先でも困難な細かい作業をすることが可能です。

　同時にクチバシは、舌や鼻とセットで、鳥類最大の「センサー」としても働きます。鳥はクチバシでかじってみたり、くわえて舌でふれることで、その物体の温度や味や材質や固さがわかります。クチバシの上部に鼻の穴が開いているため、くわえた状態でにおいもわかります。

　クチバシで得たこうした情報はセットで脳に送られて、脳内データベースの一部に加わります。次になにかをかじったとき、脳の中にもっている情報と照らし合わせることで、インコはそれが知っているものに近いものか、まったく初めてのものなのか瞬時に判断することができます。

　こうしたクチバシの使い方が、インコの脳を知的に発達させてきたと考えられています。人類が細やかに指先を使うことで脳を発達させてきたのと同じことを、インコはクチバシを使ってなし遂げたと考えていいようです。

なお、強く動揺したときなどに、インコがなにかを熱心にかじっている姿を見ることもあります。これは羽づくろいとならんで、心を平静にもどすためのインコなりの行動で、ネコが心を落ち着かせようと全身をなめるのと似た効果をもちます。こんなクチバシの使い方もあるのです。

インコにとって危険な食べもの

人間の家には多くの食品があり、インコはさまざまなものを食べている人間の姿と、食べられている食材を見ながら日々を暮らしています。好きな人が食べているものを見て、自分も食べてみたいと思うのは、ある意味、自然な流れです。

しかし、人間の食べものの中には、塩分や脂肪分が多すぎるなど、インコにとって好ましくないものも多数あります。お菓子類などはその最たるものですし、生の米や小麦は問題ないものの、炊いた白米や焼いたパンは、消化器官に負担をかけます。そのため、イヌやネコと同様、インコにも、基本的には人間の食べものを与えてほしくはありません。
ほかにも、人間の食べものの中には、インコのからだにとって確実に「毒」として作用するものがいくつもあります。

まず果物類のアボカドは絶対に禁止です。アボカドに含まれるペルシンは、インコに呼吸器障害や循環器障害を起こします。チョコレートも、中に含まれるテオブロミンやカフェインが中枢神経の障害や循環器の障害を起す可能性があるため、口にすると危険です。

日本酒や焼酎などのアルコール類も、もちろん鳥類には有害です。

このほか、観葉植物として売られている植物のほとんどには毒が含まれているため、葉や茎をインコがかじっても安全といえるものはきわめて限定的です。もしも家に観葉植物を置いているとしたら、インコは近寄らせないほうが無難でしょう。

なお、インコには、先にも解説したように、食べもの以外でもいろいろかじってしまう習性があり、それをうっかり、あるいは意図的に飲み込んでしまうこともあります。

インコが口にする可能性のある家庭内の有毒な物質としては、消しゴムのカスやスクラッチシートの削りカスなどが挙げられるほか、ニコチンを含有しているタバコの葉も、気を

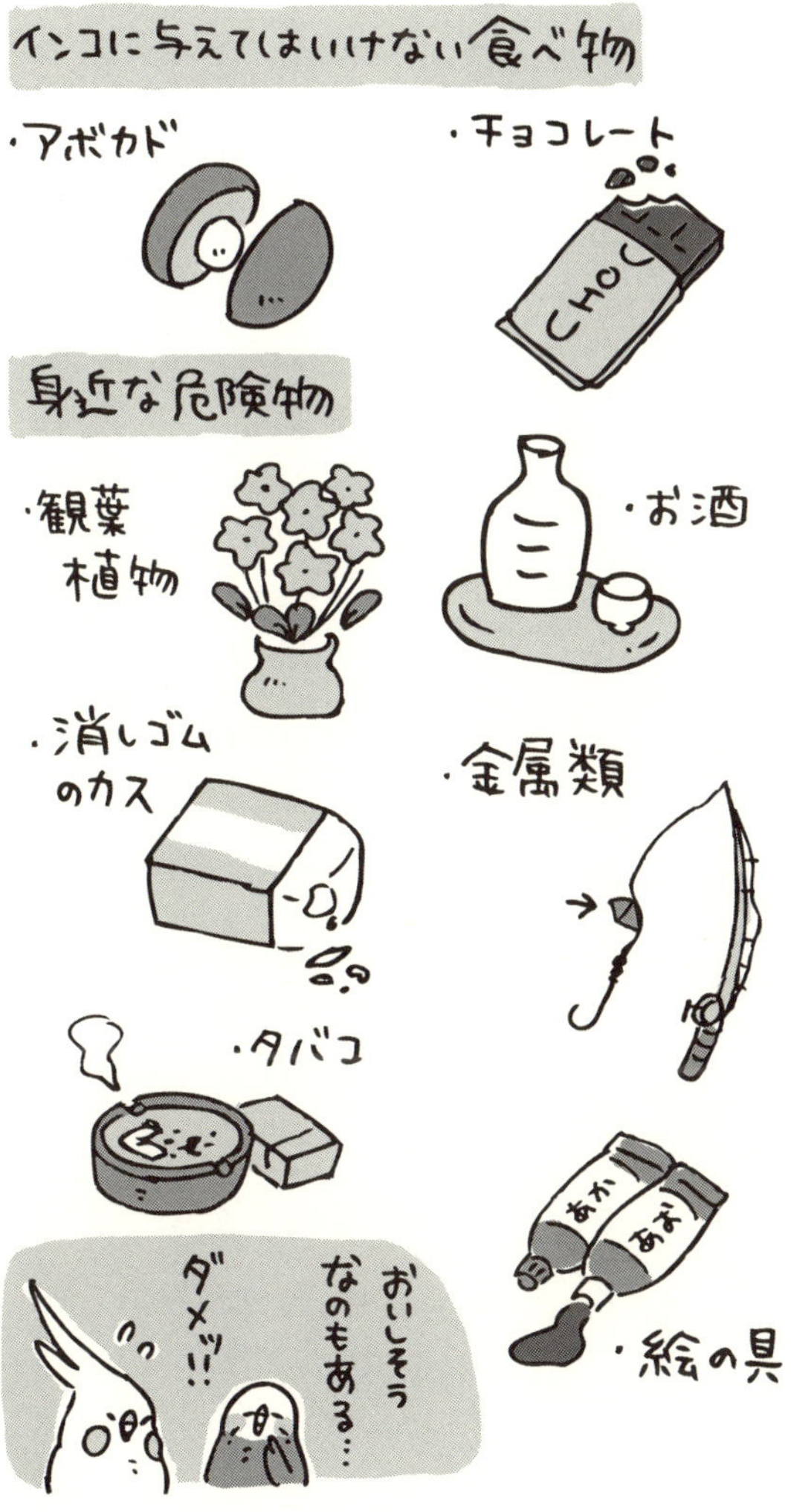
インコに与えてはいけない食べ物
・アボカド
・チョコレート
CHOC
身近な危険物
・観葉植物
・お酒
・消しゴムのカス
・金属類
・タバコ
あか
あお
・絵の具
おいしそうなのもある…
ダメッ!!

つけるべき危険物のひとつです。

なかでも死亡事故が多発しているのが、毒性の強い重金属です。たとえばカーテンの重りや釣り道具としても使われる鉛、アンティーク家具の金属部分のメッキに使われている亜鉛やスズ、絵の具などに含まれるカドミウムなどが、インコにとっての劇物となります。

なぜか鉛はインコの舌には美味に感じられるらしく、急性の鉛中毒で病院に搬送され、なんとか一命をとりとめたインコが、部屋の鉛を飼い主が処分し忘れた結果、ふたたび食べて倒れてしまったという事故例もあります。重金属も、厳格な管理が必要です。

どこを見れば病気がわかる？

鳥は病気を隠すといわれます。しかし実際には、病気を隠せるほどの演技力は、鳥にはありません。

いっしょに暮らしていたインコが病気になってしまった場合も、インコがそれを必死で隠したわけではなく、日々の生活に追われてインコにあまり注意が向いていなかったために、病気のサインを見落としていたことが原因であることも多いのです。

一方で鳥は、少し痛みがある、少し食欲がない、セキが止まらないけれど特に苦しくはない、少しからだがふらつく、などといったちょっとした具合の悪さは気にしません。そんな鳥でも、人間の目には元気そうに見えますし、本人も元気なつもりでいます。

インコの場合も、病気を隠そうと思っているわけではなく、単に症状を気にしていないだけ、ということが実はとても多いのです。それに人間の注意不足が重なって気づくのが遅れた結果、かなり具合が悪くなってから焦ることもしばしばです。

インコの病気や不調に気づくためには、ふだんから注意して接することが大切です。

毎日決まった時間にインコをケージから出すのは、運動不足の回避やストレス回避、コミュニケーション増進のためでもありますが、このとき、元気はあるか、羽毛を膨らませていないか、いつもと動きのちがいがないかなど、細かくチェックするように習慣づけておくと、いち早く不調の芽を見つけることができるようになります。

放鳥の際など、まず見たいのが顔つきです。弱っていると目にも力がなくなります。

また、顔やからだの羽毛に汚れがないか、総排泄口（肛門）のあたりは汚れていないかも確認してください。鼻水がでていたりすると鼻まわりが汚れます。吐いた形跡は口のまわりから頭全体に残ります。下痢をしていれば、お尻まわりの毛が汚れます。

具合が悪くて代謝が落ちると、鳥は体温を維持するために羽毛を膨らませます。羽毛表面と皮膚のあいだに空気の層をつくって保温をするのです。インコが膨らんでいるように見えたらすぐに、電気的な手段などで温めながら、病院搬送を検討します。

なお、ケージから出す際、指に乗せ、軽く振るように手を動かすと、インコの足指のグリップ力を感じることができます。体調が悪くなると、つかむ力が少し弱くなります。その際、部屋が十分あたたかいにもかかわらず冷たく感じるときは、代謝が落ちて体温が下がっている状態かもしれません。貧血の場合も、インコの足は冷たくなります。

インコの健康管理でもっとも大事なのが、日々の体重測定です。測定は、料理用のキッチンスケールがあれば十分です。ちゃんとエサが食べられる体調ならば、体重はあまり変化しません。急に落ちたときは、見かけはどうあれ、具合がよくないことを示しています。

なかには、人間を心配させないためなのか、食欲がないにもかかわらず、「食べているふり」をするインコもいるので、そういう嘘を見抜くためにも体重測定は不可欠です。

体調管理のためのチェックリスト
健康なインコ
体調の悪いインコ
パッ
・表情
目に力があり、
しょんぼりしていないか？
しゅん…
・体表
お尻や目や口の周りが
汚れていないか？
・体温
寒がって
膨らんでいないか？
・体重
体重が大きく
変動していないか？
ほっそり…
・つかむ力
指に乗せてかるく振る
ように動かしてもバランス
を崩さないか？

そして、体重の低下が見られ、からだのどこかにおかしな点を見つけたときは、様子見などせず、即座に鳥が専門の獣医師のもとに駆け込むことを勧めます。

小さく、代謝の速い生き物である鳥は、大丈夫そうに見えても、2日、3日で急激に状態を悪化させることもあります。「次の週末に……」など悠長に構えているうちに手遅れになるケースも本当に多いのです。俊敏な対応が命を救うと考えてください。

なお、体重とともにフンの色やかたちを見ることも大事です。下痢や血便などはもちろん、病気の種類やからだの状態によっても、色や形状に変化が出てくるため、フンもまた健康管理のための重要なバロメーターとなります。

ダイエットが苦手な性格なんです

太りすぎのイヌやネコが問題になっていますが、肥満は哺乳類だけでなく、鳥類にも深刻な健康障害をもたらします。

からだが重くなって飛びにくくなるのはもちろん、心臓に負担がかかったり、脂肪肝から重い肝臓病をおこすこともあります。中性脂肪やコレステロール値が上がって、動脈硬化をおこすこともあります。いずれにしても、確実にインコの寿命を縮めていきます。

ほかの鳥と比べて、インコにはできるだけ楽をしたいという意識があり、飛べばいい状況でも、面倒くさがって歩いていくようなケースも多々見られます。やることがなければ寝ていればいいという態度も、そんな意識の現われです。

また、「おいしいものは別腹」と人間なみに都合よく考える意識もあり、三章でも解説したように、ほかの鳥や人間が食べているのを見て、つられて食べはじめる習性もあります。たとえおなかがいっぱいでも、みんなが食べているからあと一口食べる、ということもします。

その結果、当然のようにインコは太ります。すべてのインコが太るわけではありませんが、流されやすいインコや、自分に甘いインコは、かなりの確率で太ります。

また、人間が中年太りするように、インコも人間換算で中年域にさしかかるころになると、若いころに比べて代謝が落ちて、同じ量を食べても太るようになります。

太りすぎた鳥はダイエットをしなくてはなりません。とはいえ、飼育されている鳥が部屋でちょっと飛ぶくらいでは、たいした運動にならないのも事実です。つまり、体重を落とすためには、毎日の食事量を減らすしかありません。

インコ自身に「太った」とか「ダイエットしなきゃ」という意識は存在しないため、人間が代わって食事量をコントロールする必要があります。

親から受け継いだ体質や、内にもつ筋肉量のちがい、栄養分の吸収効率のちがいなどから、インコの基礎代謝量には大きな幅があり、同じ種類、同じ体重でも、1日に必要とする食物の量は2倍もちがってくることがあります。たとえば、体重100グラムの種子食のインコが1日に必要とする食物の摂取量は、5~10グラム。平均で7グラム前後です。

高い体温を維持して活動する鳥類は、1日、2日食べないだけでも体重が激減します。そのため、食事量を減らすことで比較的簡単に体重を落とすことは可能です。しかし、鳥は決して食事制限を歓迎したりはしないので、ふだんからよけいなものは与えず、高カロリー食は控えるなど、食事管理をしっかりしておきたいものです。

ちなみにインコは同じ種でも体格にかなりの差があり、飼育書に載っている平均体重をうのみにすることはできません。そのため、鳥の病院に健康診断などに連れて行った際に、そのインコの適正体重も聞いておくといいでしょう。

インコの寿命と老老介護

動物と暮らしはじめるとき、「動物は先に死んでいくのだから、その覚悟をしてから飼いなさい」というアドバイスをよく聞きます。

イヌやネコ、ハムスターなど、身近な哺乳類では確かにそうかもしれません。しかし、インコやオウムには、当てはまらないことも多いのです。なぜなら、インコやオウムの場合、特に大型の種は、人間と同じか、それ以上の寿命をもつものも少なくないからです。

最小のオウムであるオカメインコでさえ、その寿命はおよそ30年。35年を越えて生きた例もあります。四十代半ばから飼いはじめた場合、もしもその鳥がとても丈夫で長生きしたなら、人間が八十歳くらいになるころに寿命を迎えることになるかもしれません。

大型のインコのヨウムでは、寿命はもっと長く、およそ50年もあります。さらに、南米中心に生息する大型でカラフルなコンゴウインコにおいては、70年から百年の寿命をもつものも少なくありません。人間とほぼ同等か、それ以上の寿命があるのです。

大型インコはかなり高価で、子どもが買うのはかなり困難です。必然、大人が買うことになりますが、そうなると人間のほうが先に逝ってしまう可能性がでてきます。十代、二十代からいっしょに暮らしはじめ、人間もがんばってかなりの長生きした場合にやっと、同じくらいに寿命を迎えるかどうか、という感じです。

そのため、大人になってから大型のインコと暮らす際は、自身が亡くなったあと、だれがそのインコの世話をするのか、あとを託す相手がいるかどうかまで含めて考えておくことが求められます。子どもや孫、甥《おい》や姪《めい》などの親族、親しい友人の子どもなど、託せる相手を見つけて、いずれはその相手にゆだねるように契約しておく。きちんと責任をもって飼うためには、そんな先のことまで考えておかないといけない、ということです。

六十代、七十代で大型のインコと暮らしていて、人間とインコともに老化によって弱ってきた場合、薬を飲ませるなど、老インコの世話をしながら、自身のからだのケアもするといった、人間の家族でもあるような老老介護もありえます。

ともに同じように歳を重ね、同じ時期に人生にピリオドを打つ。それは、ある意味、とても幸せなことでしょう。ただ、本当にともに満ち足りて生を終えるには、第三者の手を借りることも、まだ若い時期から考えておかなくてはなりません。

とはいえ、老人と老インコが、たがいに精神的に頼り合うことで、それが生きる支えになっているケースも確かにあります。これ以上の世話は無理だろうと、家族が両者を引き離したとたんに、どちらも急激に老けたという事例も実際にあるため、一律の判断はできないようです。

こうしたケースでは、十分に話を聞いて、それぞれの心を尊重しつつ、可能なかたちでサポートをしていく必要があります。

老インコにとっての快適な暮らしとは

身近な哺乳類と比べてかなり長めの寿命をもつインコですが、それでもやがては老いていきます。

ただ、鳥類は総じて、幼年期と老年期が短く、青年期が長い傾向があります。インコにはっきりとした老化が見られるのはかなりの晩年で、50年の寿命をもつ鳥の場合、40～45歳くらいまで、あまり老化したと感じられないこともあります。

野生で鳥は、種としての寿命の3分の1も生きられないのがふつうですが、家庭内で暮らすインコでは、死因が老衰と診断されるほど長生きするケースも増えてきました。

この20年で鳥類の臨床医学が大きく進んだこともあり、飼い主に一定の病気と看護の知識があって、身近な場所に鳥の専門医がいる環境ならば、重篤《じゅうとく》な病気にかかった鳥も投薬や手術によって、さらに何年も寿命を延ばすことが可能になりました。本気で鳥と向き合い、豊かな共同生活をしたいと願う人間にとっては、よい時代になったといえます。

そうした状況の変化にともなって、老鳥と暮らすケースも増えてきました。老いたインコも人間の老人と同様、若いときと同じような暮らしはできません。住まいをバリアフリーにするなど、衰えてきた肉体に合った暮らしに変えていく必要があります。

インコの場合も、老いは全身に現われます。目は、人間と同じように白内障になって失明することがあります。人間とちがい、手術で視力を取りもどすことができないため、見えなくなってしまったらそのままです。

このほか、筋力が衰えて俊敏なとまり木移動ができなくなったり、飛翔《ひしょう》力が落ちるのはもちろん、足も弱って、晩年はあまり動けなくなります。睡眠時間が増えて、よく眠るようになるのも、ほかの動物と同じです。

精神面も変化してきます。気が荒かったインコは、若いころに比べておだやかになる傾向があります。また、精神的な支えがほしくなるのか、あまりなついていなかった鳥が、人間のそばにいたがるようになることもあります。べたべたに馴れていたインコが、ますます人間のそばですごしたがるようになるのはいうまでもありません。

ちなみに、インコには、いわゆるボケはありません。脳構造のちがいのせいか、老化しても意識はしっかりしていて、きちんとした意思表明ができます。この点で苦労しなくていいのは幸いなことです。

老いたインコが人間に望むこと。それは、生活する場は、なるべく変えないでほしい。そして、いままでと同じように愛してほしい。この2つです。

インコは、たとえ目が見えなくなったとしても、ずっと暮らしているケージの中の配置をおぼえています。この場所にエサがあり、この場所に水がある。青菜が置かれるのはこなど、見えていたときの感覚が残っているので、同じ場所にありさえすれば、あまり苦労することもなく、これまでどおりに生活することができます。

老いたインコは、若いころのように派手な遊びには興味を示さなくなります。ただ、好きな人間といっしょにいて、その体温を感じたり、なでられることが安らぎとなります。そして、若いころと同じように話しかけてくれることを、インコは望みます。

第五章
もっと知りたいインコのこと

インコの初来日は、1400年前？

いまでこそ、尾羽の長い緑色のインコ（ワカケホンセイインコ）が日本の空を舞っていますが、もともと日本には、インコもオウムも生息していませんでした。

それにもかかわらず、かなり古くから、多くの日本人が「インコ」や「オウム」のことを知っていたのは、千年以上も前から、アジアのインコやオウムが日本に運ばれてきていて、人間の言葉を話す鳥のうわさが広く国内に伝わっていたからです。

宮廷に出仕していた当時の貴族には、実際に見たりふれたりする機会が、少なからずあったこともわかっています。

両者のうち、言葉として古いのは「オウム（鸚鵡）」のほうで、「インコ（鸚哥）」の名前は、オウムの最初の記述から五百年ほど後になって現れます。ただ、現在のようなきちんとした分類はできていなかったため、古い時代はもちろん、ごく最近になるまで、両者はかなり混同もされていました。

「オウム」が初めて日本に運ばれたのは、いまからおよそ１４００年前、中大兄皇子《なかのおおえのおうじ》らによる「大化の改新」直後の大化三年（西暦６４７年）のことです。日本最古の歴史書である『日本書紀』に、この年、オウムが舶来したことが記されています。また、公に残る記録から、オウムはその後も断続的に日本に運ばれていたことがわかっています。

飛鳥時代から平安時代にかけて渡来したオウムは、いずれも新羅《しらぎ》や百済《くだら》といった朝鮮半島の国から贈られたものでした。もちろん朝鮮半島にもインコやオウムは生息していませんから、中国から譲られたものを日本に運ばせたのだろうと推測されています。

同様に、中国から直に贈られた鳥も、その多くが、南方の東南アジア諸国から献上されたものを日本に譲ったものだったのだろうと考えられています。

オウムという鳥が最初に登場する日本の文学作品は、西暦１０００年ごろに成立した、清少納言の『枕草子』です。

『枕草子』の中に、清少納言が好きな鳥などをまとめた「鳥は」という項目があり、そこにはオウムについて、「外国の鳥で、人の言葉をまねするそうですね」とつづられています。

ただし、文章が伝聞のかたちなので、清少納言は実際にはオウムを見ていなかったと考えられています。ちなみに、清少納言が愛してやまなかった鳥はホトトギスでした。

このオウムを直に見ていた、この時代最大の権力者、藤原道長は、「人間のように話せるのは、舌のかたちが人間と似ているためだろう」と、眼力の鋭い言葉を、ある書籍の中に残しています。

鎌倉時代の前期になると、『新古今和歌集』や『小倉百人一首』の編纂《へんさん》者でもある歌人・藤原定家の日記『明月記』に、「鸚歌（かひこ）」という名称でインコが登場します。宮廷内で見たインコについて、「色は青。クチバシはタカのよう。柑子《こうじ》、栗《くり》、柿を食べ、人名を呼ぶ」と、定家は紹介しています。『枕草子』とはちがい、これは定家本人によるインコ観察の記述だったことがわかります。なお、「青」という色からみて、この鳥は記述のとおり、オウムではなくインコだったと考えることができます。

「おうむ返し」は和歌の手法から

日本人が古くからオウムやインコの特徴を知識としてもっていた証拠として、「おうむ返し」という言葉を挙げることができます。

一般には、だれかが言った言葉をそのまま相手に返すことをいいますが、はじまりは和歌で、その手法のひとつとして開発されたものでした。和歌の「おうむ返し」とは、相手から受け取った歌に対して、言葉の一部だけを置き換えて、大きく意味（趣向）を変えて返す技をいいます。

鎌倉時代の初期に天皇の位に就いていた順徳天皇（１１９７〜１２４２）は、和歌の手法をまとめた『八雲御抄《やくもみしょう》』（国宝・重要文化財）という歌論書（歌学書）を残しました。

この書の中に「おうむ返し」の紹介があり、そこには、オウムという鳥が人の口まねをすることや、「おうむ返し」という名前は、そうしたオウムの性質からつけられたことなどが明記されています。

『枕草子』から『明月記』にいたる、平安時代から鎌倉時代の初期にかけて、オウムやインコは何羽も外国から朝廷に贈られていて、人語を話せるオウムは宮廷で人気者となっていました。貴族やその子弟に、オウムの性質が知れ渡っていたことが背中を押すかたちで、この時代の和歌界に、「おうむ返し」の技法とその名前が定着したようです。

ただし、「おうむ返し」という言葉が生まれても、平安時代から鎌倉時代の庶民がオウムやインコを見る機会はほとんどありませんでした。オウムやインコが庶民の目にふれるようになるのはそれよりずっと先、江戸時代になってからです。

江戸時代になると、オウムやインコが見せ物にも登場するようになり、江戸市中にあった鳥屋の店頭などでも目にすることができるようになりました。

本物を見る機会が増えたことで、「おうむ返し」という言葉はさらに広く知れ渡るようになり、果ては子どものケンカから芝居の中のセリフにまで使われるようになったことで、さらに認知度が高まって、いまの状況ができあがったと考えられています。

江戸時代も身近だったオウムやインコ

江戸時代、日本は鎖国をしていました。しかし、だからといって、海外からなにも入ってこなかったわけではありません。オランダと中国の船は定期的に長崎の出島に来ていて、さまざまな品物や情報を日本に届けていました。さらにこの時期が、動物の輸入に関して、歴史上もっとも活発な時期だったこともわかっています。

戦乱の時代が終わって平和になると、庶民から支配階層まで、自身の趣味や楽しみに費やす時間も増えました。大名や旗本の中には、鳥が大好きで、珍しい鳥を手許においておきたいと願ったり、美麗な鳥を絵師に描かせようと考えた人もいたのです。なかには、話せるインコと暮らしたいと願った人物も、おそらくはいたはずです。

その結果、長崎に寄港するオランダの商人に、海外の珍しい鳥を運んできてほしいと依頼する人が増え、多くの鳥類が輸入されるようになりました。なお、鳥類の輸入は、明治になる直前までさかんに行われていたことが、幕府の記録などからわかっています。

変わった鳥、色鮮やかな鳥ならなんでも好まれましたが、なかでもいちばんの人気だったのがオウム・インコ類です。おかげで、日本人が知るインコやオウムの種は、江戸時代に格段に増えました。

また、輸入時につけられた名前が、そのまま和名とし定着した例もたくさんあります。

たとえば、ヤクシャインコという名前のインコがいます。漢字では、「役者鸚哥」と書きます。顔面から頭部の柄《がら》が歌舞伎役者の隈取《くまど》りに似ていたことが、その名前の由来となりました。江戸時代人らしいネーミング・センスに感服します。

異国船が着く長崎の港には幕府の役人がいて、文書のかたちで輸入品のリストがつくられていました。ただし、動物に関しては、文字だけでは情報として不足であるため、幕府から派遣された御用絵師が、その場で記録用の絵図も描き、残していました。

おかげで現代の私たちも、いつ、どんな鳥が日本にやってきたのか知ることができます。また、その記録から、鳥たちの出身地を知ることもできます。

情報をデータ化して並べてみた結果、びっくりするような事実も見えてきました。インコやオウムは、比較的日本に近い東南アジアや南アジア、北部オセアニアだけでなく、遠い中南米やアフリカからも運ばれていたのです。アフリカの赤道部に生息するヨウムや、メキシコからベネズエラ付近に生息するキボウシインコやオオキボウシインコなど、興味深いインコの絵を、いまも見ることができます。

輸入記録や絵図が残っていて、江戸時代に日本に来ていたことが確実なおもなインコやオウムは次のとおりです。

◎オウム：タイハクオウム、オオバタン、コバタン、キバタン、シロビタイムジオウム ほか

◎インコ：サトウチョウ、ダルマインコ、オオホンセイインコ、ショウジョウインコ、オトメズグロインコ、ヨダレカケズグロインコ、ゴシキセイガイインコ、ヒインコ、アオスジヒインコ、コムラサキインコ、ヤクシャインコ、ヨウム、オオハナインコ、アカクサインコ、オオキボウシインコ、キボウシインコ　ほか多数

これらのインコの多くは大名や旗本、大商人によって買い取られ、本人によって飼育さ

れたり、将軍が住む江戸城に献上されたりしました。さらには、見せ物にされたり、当時、江戸市中に何十軒もあった鳥屋の店頭に置かれることもありました。

加えて、この時代には、「花鳥茶屋《かちょうぢゃや》」や「鹿茶屋《しかぢゃや》」と呼ばれる、現在の動物園や動物ふれあいパークのような屋外施設が、江戸や大坂、京都、名古屋などにつくられ、市民の目を楽しませていました。

屋外の展示施設には、クジャクやキンケイなどの大型鳥がいたほか、一般の店舗にまじって町中に置かれた茶屋では、いまの小鳥カフェのように、至近距離で生きたインコを見ることもできたようです。

海の男の心を癒したインコたち

わずか二百年ほど前まで、海を越えた長距離の移動は、船だけがたよりでした。人類未踏の地もまだまだ多かった時代、風を受ける帆と、人力をたよりに、荒波のなか、何万キロもの距離を渡っていたのです。

オランダ船が定期的に日本を訪れるようになった18世紀から19世紀になると、航路も定まり、航海の安全性も以前に比べてかなり高まりましたが、それでも嵐はまだ予測できず、いつどんな事件があって航海ができなくなるかわかりませんでした。

そのため、船主や船長は、さまざまな「保険」を用意していました。情報を集め、海図をつねに最新の状態にし続けることや、食料や水などの積み込みができる寄港地を各地に整備するのも、その一環でした。

犯罪者も含まれていた乗組員に一定の給金を支払ったのも、ある種の保険でした。なぜなら航海の危険は、異郷でその土地の住民に襲われることだけでなく、食料事情や待遇に不満をもった乗組員が起す反乱も、大きなリスクとなっていたからです。

各種ゲームによるギャンブルなど、乗組員に多くの娯楽を提供することが反乱を減らすのに有効なことは、昔からよく知られていたことです。

同時に行われていたのが、「動物を船に乗せること」でした。動物はただそこにいるだけで娯楽となり、精神的なリラクゼーション効果も期待できたからです。乗組員の心の安定化にも寄与して、反乱を減らせることが経験からわかっていました。

船に乗せる生き物として適していたのは、愛嬌《あいきょう》をふりまいて人間をなごませる小型のサルや、人間の言葉を話せるオウムやインコ、美しい声を聞かせてくれるカナリアなどでした。鳥を載せるための鳥籠のような小部屋をもつ船があったことも知られています。

児童書などで、海の冒険者や海賊船の船長が、肩にオウムやインコ、サルを乗せているイラストや表紙カバーを見ることもあると思います。そうした絵は、現代の画家やイラストレーターの勝手な創作ではなく、当時の状況を反映した事実の延長だったのです。

インコ臭はなんのかおり？

インコのかおりのするアイス、インコ臭の入浴剤や香水などがつくられ、販売されています。もしかしたら、すでに手に取ったり、味わったりしたかたもいるかもしれません。

インコもまた独特のにおいをもつ生き物です。水浴び直後のインコは臭気も強まり、インコと接点のない人には顔をしかめるほどの悪臭になりますが、それすらもインコの愛好家の多くは好ましく感じているようです。だからこそ、こうした商品がいくつも世の中に登場してきたのでしょう。

もっとも、インコのにおいは、はっきり「こんなにおい」と言い切ることができません。インコごとにちがっているうえ、嗅ぐ人によっても印象が大きく異なるからです。ちなみに、筆者宅の二十歳を過ぎたオカメインコ（メス）からは、粉ミルクのようなにおいがしています。

そんなインコのにおいのおおもとは、尾羽上部のつけ根付近にある尾脂腺《びしせん》という脂分を分泌する部位から出る脂（アブラ）です。この脂が変化してできるにおい成分に、皮膚表面から自然ににじみ出すにおいが加わって、その鳥ごとのにおいがつくられていきます。

ちなみに尾脂腺は、ほぼすべての鳥類にあり、そこから出る脂を全身の羽毛に塗ることで、鳥は防水・撥水《はっすい》加工をからだじゅうの羽毛に施しているとずっと考えられていました。しかし、最新の研究によれば、それはまちがいで、羽毛の撥水機能の大部分は羽毛自体がつくりだしているとのこと。それでも尾脂腺から出る脂には、撥水強化や汚れ防止コートなど、好ましい効能が十分にあると考えられています。

鳥は、クチバシで尾脂腺の突起をつまむようにして脂を絞り出し、それを全身の羽毛に塗りつけています。尾脂腺から出た直後の脂には、あまり臭気はありませんが、羽毛に塗りつけられた脂に日光が当たると、脂が紫外線で分解されて、芳香《ほうこう》物質に変わります。そのかおりが、鳥らしいにおいといわれるものです。

脂が分解されてできる物質は、鳥種を超えて近いものであることから、保護された野生のスズメなどからも、日光浴した直後のインコととてもよく似たにおいを嗅ぐことができます。それは一般に「お日さまのにおい」と呼ばれるもので、日光に当たったインコやスズメの匂いは、干した布団のかおりによく似ています。

実は、ふだんづかいの布団を日干ししたあとにかおる成分も、おもに皮脂などが紫外線で分解されてできたもので、鳥の羽毛の上にあるにおい成分と近い構造をもっています。だからこそ、似たような、心地よいかおりを感じることができるわけです。

飛ばなくてもいいと、飛べなくなる

ドードーという鳥がいました。ルイス・キャロルの『不思議の国のアリス』にも登場する、ずんぐりとした飛べない鳥です。かつてドードーという鳥がいたことは、多くの人が知る事実だと思いますが、絶滅したドードーがハトの仲間、ハト科の鳥だったことを知る人は少ないかもしれません。

鳥は飛ぶことができます。しかし鳥は、まわりにまったく敵が存在しないなど、飛ぶ理由がなくなれば、比較的短期間のうちにつばさが退化して、飛べなくなります。ドードーがそうですし、沖縄のヤンバルクイナもそうです。

インコと暮らし、日々、インコの行動を見ている人間は、飛ぶ必要がないとき、インコは飛ばず、その足で歩いて移動するのをよく目にしているはずです。

飛ぶと疲れます。エネルギーを消費して、おなかも空きます。とくに必要がないのなら無理に飛びたくない、というのがインコやオウムが共通してもつ正直な気持ちでしょう。

とはいっても、野生のインコが暮らすジャングルや草地の周囲には、インコを捕食する哺乳類や猛禽類がいます。そのため、飛ぶことを、簡単には放棄できません。

では、敵となるような危険な存在がまったくいない孤島だったら……？

もちろん、インコやオウムも、つばさが退化して飛ばなくなります。そして、地上にはそんな島が存在します。

かつてモアという巨鳥が生息し、いまもキウイフルーツ似の鳥、キーウィがいる島。ペンギンがジャングルで繁殖する島。そう。ニュージーランドです。

ニュージーランドには、カカポ（フクロウオウム）というニュージーランド固有種の飛べないインコがいます。百万年ほど前までは飛行能力のあるふつうのインコでしたが、安全な環境で、飛ぶことを放棄してしまいました。

おかげで近年、人間の狩猟の対象となったり、島に入ってきた哺乳類に食い殺されたりするなどして、絶滅寸前までいきました。それは、とても不幸な事実でした。

でも、それ以前のおよそ百万年間、敵が存在しない平和な環境でのんびり暮らせたことは、ほかの地域に生きるふつうのインコからみれば、垂涎《すいぜん》の生活だったかもしれません。それはある意味、インコの理想を具現化した、生活スタイルでしたから。

カカポは地上でもっとも体重の重いインコで、体型的にもあまりインコらしくない鳥です。でも、インコたちに共通する好奇心はずっとなくすことなく、地上で暮らし続けています。世界には、こんな一風変わったインコもいるのです。

インコはまだまだ、謎深い

人間をはじめとする哺乳類のおなかにある「へそ」は、胎盤を通して母体とつながっていたあとです。そのため、へそは哺乳類だけのもので、インコやブンチョウやペンギンなどの鳥類には存在しないと考える人も多いかもしれません。でも、本当でしょうか？

胎児を子宮で育てるように進化する以前の哺乳類の祖先は、鳥類や爬虫類のように卵を産んでいたわけです。それを思い出してみるとどうでしょう。

哺乳類の場合、受精した卵子が子宮に着床し、そこにできた胎盤を通して母体から栄養や酸素をもらいながら成長していきます。胎盤と胎児をつなぐ命の帯がへその緒でした。

インコたち鳥類では、卵の黄身の上にある「胚《はい》」が、受精した卵子に相当します。胚は黄身や白身から栄養を吸い上げながら、急速に鳥のかたちへと成長していきます。

卵の中でヒヨコへと成長する途中の、生物としてのかたちができはじめたころのニワトりと、母親の子宮の内部で成長する、同じくらいの時期の人間の胎児の映像や画像を見て、そのかたちがとてもよく似ていると感じたことのある人もいるのではないでしょうか。また、おなかの同じ位置に、外へとのびる管（帯）がつながっているところも、両者に共通していると。

つながる先が胎盤なのか、黄身や白身なのかは、ほんのささいなちがいにすぎません。

人間の場合、誕生直後に、もうそれは必要ないと、へその緒は切断されてしまいます。一方、インコなどの鳥は、孵《ふ》化の直前にしゅるんとすべておなかの中に吸収されます。切られたへそははっきりとした痕跡としてそこに残り、おなかに完全に吸収されたほうは、のちにしっかり穴がふさがって、そこになにかがあったこともわからなくなってしまいます。

つまり、見えなくなっただけで、実はインコたち鳥にも孵化以前には、「へそ」に相当するものが存在していたということです。どちらも、誕生前に果たしていた役割は同じものでした。

そしてもう一点、インコたち鳥類のからだについて、神秘的で興味深く思えることを紹介しておきましょう。それは、「うんち」と「おしっこ」についてです。こちらは、人間とは大きくちがっています。

緑や茶色のものの上に白い絵の具状の物体が乗っているような鳥の排泄物を見て、「おしっこはどこ?」と、疑問に思ったことがある人もいるかもしれません。

全体のうちの量が多い部分は、確かにフン=うんちですが、実は、その上にぺっとりと乗っかっている白い部分こそが、尿=おしっこです。鳥類は特になにもないふつうの状態のとき、哺乳類の肛門に相当する部分からそんな形状のフンをします。

フンもおしっこも、卵を産むのも同じ穴です。そのためそこは、「総」排泄口と呼ばれています。その内側にある空洞、「総排泄腔」には直腸と尿管がつながっていて、メスの場合、卵がおりてくる「輸卵管《ゆらんかん》」もつながっています。

尿は、腎臓でより分けられた血液の老廃物や不要物からなり、液体として排泄されるのが一般的です。それがこんなかたちで排泄されるのは、総排泄腔に排出されたおしっこを、排泄前にいったん大腸に送り込み、そこで水分を再吸収させるしくみを鳥が体内にもっているためです。

鳥は哺乳類ほどの水分を必要としません。それは、このようなかたちで水分をリサイクルするしくみがからだの中にあるからです。体内の水資源がつねに有効活用されているのです。

「矯正」ではなく、「共生」しよう

たとえばネコと暮らす際、トイレなどは小さな時期にしっかり教え込むとしても、ふだんの生活で、ネコにあれこれ「しつけ」をしようと考える人間は、あまりいないでしょう。ネコは本来、気ままな生き物。なにかを強要しようとしても無意味という認識も、ネコとかかわる人のあいだには存在しています。

本来、鳥はネコと同じくらい自由で気ままな生き物です。気が向けば飛んできて、気に入らなければ逃げ去る。何をするもしないも、本人（本鳥）しだい。楽しいと感じられることはおぼえますが、意思に反する強制は拒否します。

ある程度馴れて、人間が言っていることの意味が多少なりともわかるようになったインコは、本人の気分しだいで、呼べば飛んできたり、走り寄ってきたりします。指に止まるのも、肩に止まるのも、頭に止まるのも、すべてはインコの裁量しだい。

かじってはいけないところをかじりにいったり、壊したりしないかぎりは、基本的には自由であるべきでしょう。

しかしながら、飼い主の中には、インコに「しつけ」をしたいと思っている人も少なからずいて、「インコをいい子にしつけたい」という声も、ときおり聞こえてきます。

なにがよくてなにをしてはダメかなど、人間の家で暮らすルールを若いうちに教えることは、インコが生きていくうえでとても大切なことです。人間には、厳しさももって、しっかり指導していく義務があります。それは、インコにとっても必要なことです。

しかし、「しつけ」という言葉をインコに向ける人の意識には、その人がさせたいと意図することをインコにさせるために、動物心理学的な手段を使って目的どおりのことができるように訓練したいという希望が見え隠れしています。

それは、ともに同じ場所で同じ時間を生きる「共生」ではなく、自身の都合のよい方向にインコの心を「矯正」したいという願いに感じられて、正直、あまりよい気持ちがしません。インコの心を尊重するという意識が、そこには感じられないからです。

自由にさせてもかまわない部分は、あまり干渉せず、好きにふるまわせる。インコがもつ心と意思を大切にする。ケージから外に出られる放鳥時間はあっても、かなりの時間を、安全なかわりに不自由でもあるケージですごしてもらわなくてはならないインコだからこそ、その心や意思をちゃんと尊重するべきだと、思っています。

そうすることが、鳥としての幸福につながるのではないかと、ずっと考えています。

インコも飼い主に似る……かも？

「イヌは飼い主に似る」という研究論文が、日本を含む世界の複数の国で書かれています。論文によれば、飼い主の写真と、ともに暮らすイヌの写真をセットで集め、バラバラに並べたあと、まったく面識のない第三者に、どの人物とどのイヌがペアなのか、その組をつくってもらうと、高確率で飼い主とイヌの正しいペアが選ばれるといいます。

もちろん、暮らしているうちに人間がイヌの顔に、イヌが人間の顔に似てくるわけではありません。だとすると、そこからさらに興味深い結論がみちびかれます。つまり、「イヌを選ぶ飼い主は、無意識のうちに自分の顔に似たイヌを選んでいる」と。

これからいっしょに暮らすイヌを選ぶ際、「この子は自分に似ている」という意識からイヌを選び出す人はほとんどいないでしょう。ただ、「この子がいい。この子にする」と思い、選ぶはずです。それでも、無意識に自分に似たイヌを選ぶというのが不思議です。

ただ、人間には、知らず知らずのうちに相手の中に自分と似たところを探し、自分と似たところを見つけて安心するという心理があります。イヌに関するこうした報告は、同様の心理が広く働いた結果なのかもしれません。

そして、こうした事例を見るにつけ、もしかしたら、ともに暮らす相手としてインコを選ぶ際にも、似たような感性が働いているのかもしれないと思うことがあります。

そういう心理学的な実験はまだ行われていないため、正しいかどうかはわかりません。それでも、セキセイインコと暮らしている人、オカメインコと暮らしている人、ヨウムと暮らしている人などを見ると、どこか雰囲気が似ているところがあるようにも思えます。

どの種と暮らしているのか想像しながらたずねてみると、意外に当たるのです。

こうしたタイプの研究も、今後進んでくることを期待しています。鳥、インコを選ぶ人の心理にも、意外な事実が潜んでいるかもしれません。
いつかそんな報告がされる日が来ることを、楽しみに待ちたいと思っています。

イースト新書Q

Q016

インコのひみつ

細川博昭《ほそかわひろあき》

2016年5月20日　初版第1刷発行

イラストレーション　ものゆう
編集　安田薫子
発行人　北畠夏影
発行所　株式会社イースト・プレス
東京都千代田区神田神保町2-4-7
久月神田ビル　〒101-0051
tel.03-5213-4700　fax.03-5213-4701
http://www.eastpress.co.jp/
ブックデザイン　福田和雄（FUKUDA DESIGN）
印刷所　中央精版印刷株式会社

ISBN978-4-7816-8017-0